佛光罗汉崖

千年古檀

五龙瀑

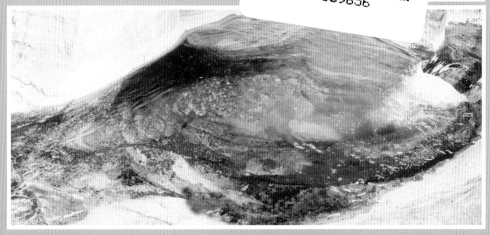

五色卧鱼潭

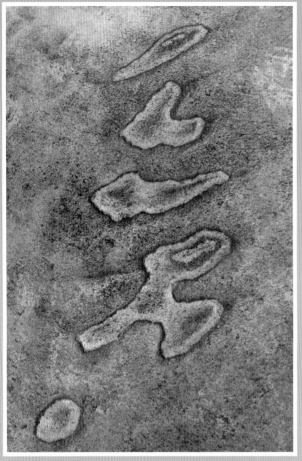

地书

天碑

坍塌的神庙

宇宙石

指纹石　　　　　　　　　　　　水往高处流

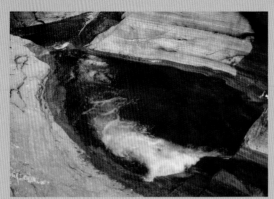

清水石上流

银练挂天

雨后的清河

刘先平／主编

科学家大自然探险手记

国家地质公园——解密天碑地书

郭友钊 著

明天出版社

图书在版编目（CIP）数据

国家地质公园：解密天碑地书 ／ 郭友钊著．—济南：
明天出版社，2013.5
（科学家大自然探险手记／刘先平主编）
ISBN 978-7-5332-7438-2

Ⅰ．①国… Ⅱ．①郭… Ⅲ．①地质－国家公园－科学考
察－普及读物 Ⅳ．①S759.93-49

中国版本图书馆CIP数据核字（2013）第092849号

策　　　划：刘先平大自然文学工作室
主　　　编：刘先平
副 主 编：刘君早
特约编辑：苏　勤
照片提供：龙潭大峡谷景区管委会

科学家大自然探险手记　　国家地质公园——解密天碑地书

主编/刘先平　　著/郭友钊

出版人/胡　鹏

出版发行/明天出版社　地址/山东省济南市胜利大街39号

http://www.sdpress.com.cn http://www.tomorrowpub.com

经销/新华书店　印刷/山东临沂新华印刷物流集团

版次/2013年5月第1版　　印次/2013年5月第1次印刷

规格/155×210毫米　32开　5.375印张　59千字

印数/1-8000

ISBN 978-7-5332-7438-2　　定价/15.00元

如有印装质量问题　请与出版社联系调换。　电话：(0531) 82098710

目 录

前　言

　　你见过50多米高的石碑吗？你相信它重达2000多吨吗？谁能有这样大的力气，竟能将它凭空树立，不用任何倚靠，一立就是近千年？

　　你也许见过刻有文字的石头，可你见过自己书写文字的巨岩吗？岩石真的懂汉字吗？怎么能自己书写呢？

　　去年秋天，一个意外的电话，竟然让我一睹了距今12亿年前后的罕见地质奇观。那是在洛阳，秦岭与太行山的过渡地带，黄河小浪底水库上游南岸，有一座总面积约328平方千米的黛眉山世界地质公园。它的核心景区——龙潭大峡谷，是一处全长12千米的U型峡谷，由流水与紫红色石英砂岩共同打造了无数天然奇观。

　　"阿钊博士，我是阿黑。我在大峡谷，我看到了非常

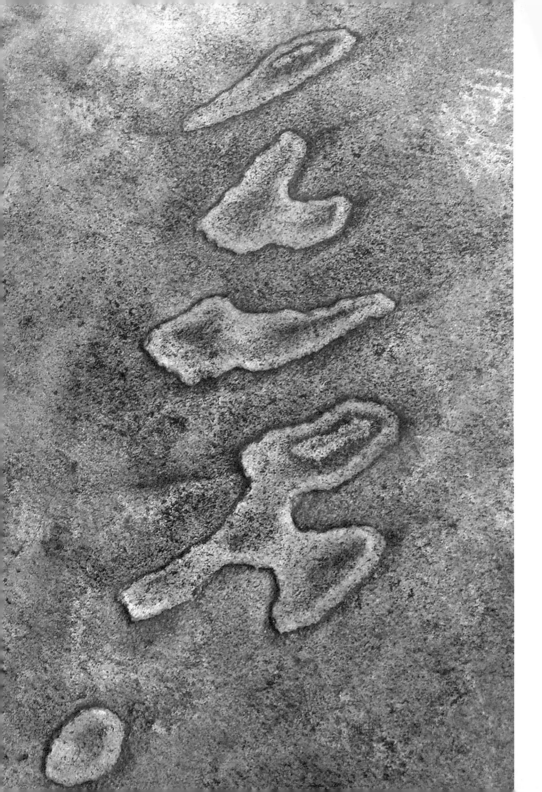

稀奇且不可理解的现象！令人诧异的自然景观！"

电话那头的阿黑，原本是五大连池世界地质公园的导游。因为东北严冬来得早，国庆节之后便开始千里冰封、万里雪飘，公园因之关闭。阿黑休假，跑到了温暖的地方，一想观光旅游以丰富自己的脑袋，二计划仍然可当导游以保持自己的钱袋。

但阿黑所说的大峡谷，到底是哪一个大峡谷？是亚洲的雅鲁藏布大峡谷？是北美洲的科罗拉多大峡谷？还是非洲的东非大峡谷？

"是龙潭大峡谷。在河南省洛阳市新安县境内！"

洛阳，是闻名世界的古都。洛阳的牡丹与石窟更是闻名遐迩。但龙潭大峡谷，我是前所未闻的。至于新安县？"客行新安道，喧呼闻点兵。"唐代诗人杜甫《新安吏》中的新安道，就是现在的新安县？洛阳北边的新安县？黄河出峡谷、入平原的新安县？

"正是。'河出图，洛出书'，河图洛书发源地的附近！"

河，就是中华民族的母亲河黄河；洛，即为黄河的支

流洛河。两河交汇处，是中原腹地，背靠茫茫大山，面向荡荡平原，是华夏文明的源头。河图上黑点、白点列阵，形成奥秘无穷的数阵。洛书也叫龟书，说某龟的壳上有图像，某位古人读出了是用1至9的9个个位数组成3行、3列的方阵，其纵、横、斜3条线上的3个数之和都是15。古人研究河图洛书，认为有左旋之理、象形之理、五行之理、阴阳之理、先天之理……众说纷纭，千年莫衷一是。阿黑不会是说有关河图洛书的景观吧?

"不是'洛书'，却是'地书'! 我在大峡谷河床的一块巨石上，看到上面写着'一人一石'四个大字，也有人认为是'一人一万'! 还有句号呢!"

想嘲笑阿黑。什么"一石"，石是古代量粮食的体积单位，1石相当于10斗，又合100升，"一人一石"够一人一年食用了。什么"一万"，万不是钱的数量吗? 是给每人一万两银子还是一万贯铜钱? 呵，天下哪有这样的好事? 这"一人一石"或"一人一万"，莫不就像历史上的口号，什么"打土豪、分田地"、"均田免粮"之类吗?

但看到阿黑传来的照片时，我愣住了：乍一看，真有点像某位书法大家的作品，有力道、有气势，宛若目空一切；可再细看，石壁上的字不是用白石灰水写的，也不是摩崖石刻，而是天然自成的！这"地书"，难道也像那只老龟背上的"洛书"一样神秘？

"'地书'只是我不理解的景观之一。更令我不解的还有天碑！"

阿黑说，天碑是一座高50多米的石碑，不方不正，约成三角形，碑石面积至少有1000平方米！厚度约1米，算起来重量至少在2000吨！

我不怀疑这天碑是自然天成的。因为即使四川乐山大佛石窟外侧那一座已属巨制的人工石碑，通高6.6米、宽3.8米，碑面面积也才25平方米，与阿黑所说的天碑大小相距甚远！还有众所周知的巨石阵，巍峨地耸立在英国索尔兹伯里平原上，由130多块砂岩组成，小者5吨，大者40吨，短者1米，长者10米。巨石阵在公元1130年才被发现，考古专家考证认为，根据千年前的人才、技术，人类要建成如此厚重的工程，困难极大，几乎绝无可能。

而阿黑所说的这一块天碑的重量，或许就是巨石阵中所有巨石的重量之和。如此巨大的天碑，绝非人力能够树立起来，即使拥有巨大起重机的现代人也不容易做到。

我想，通常人类树碑一定会立传，不知道这天碑是不是也一样用来立传？不知道碑面上有无文字？想传达些什么？是不是跟地书"一人一石"或"一人一万"的意思有关？

"天碑立在峡谷内一座长满灌木、乔木的小山上，我们正想方设法靠近。现在距天碑还远，还不能够看清楚天碑上有没有文字！"

阿黑的诧异，也成了我的诧异。我火急火燎地背上长焦相机，装上罗盘、地质锤、放大镜，匆匆忙忙地赶到了洛阳，再往北70千米到了新安县石井镇，但求一睹地书与天碑的奇观，一探它们的奥秘。

天碑

黄 河

黄河，是我们的母亲河，是每位中国人一生避不开的话题。

黄河发源于青藏高原，流经黄土高原、内蒙古高原、华北平原后汇入渤海，全长约5464千米，流域面积约79.5万平方千米，是中国第二长河，世界第五大长河。

黄河分上、中、下游，上游与中游的分界点在内蒙古自治区托克托县的河口镇，中游与下游的分界点在河南省荥阳市的桃花峪。黄河瀑布并不多见，最出名的是壶口瀑布。

黄河进入黄土高原（约在青海省贵德县）后，河水泥沙含量急增，河水变浑，遇宽谷或平原区流速降低，泥沙沉积，河道不稳定。战国中期，开始在下游修筑堤防，河道被稳定下来，却又开始形成河床高于地面的悬河，从此黄河常决堤，带来水灾，如公元 11 年，黄河决堤，水灾延续 60 年。治理黄河，防范水灾，成了历史上持续不断的政事。

黄河孕育了世界上先进的文明。180 万前的西候度猿人、100 万年前的蓝田猿人、30 万年前的大荔猿人在此繁衍；7 万年前的丁村智人、3 万年前的大沟湾晚期智人在此诞生；7000 年前的细石器、3700 年前的新石器、2700 年前的青铜器、铁器文化在此遍地开花；火药、指南针、造纸术、唐诗、宋词、元曲在此出现并走向了世界，促进了人类的进步。

喜逢千岁古檀

从《诗经》中的一句"坎坎伐檀兮"吟唱至今，檀树自古就因用途广、价值高而被大量砍伐，难以长命。然而有一棵

千年古檀

古檀,竟然活了1000多岁! 它是如何逃避被砍伐的命运的呢?

刚进龙潭大峡谷的山门,阿黑满脸荡着笑意:"到啦! 阿钊博士,您先去看看那棵檀树吧,她不会让您失望的!"

下了车,朝阳已照亮河谷。河谷宽阔,两岸的坡上是满眼的绿,那是低矮的灌木。灌木丛中,偶有悬崖如挂历、孤峰如笔筒。但我没有看到乔木耸立凌空的树冠,心里想,古檀可能还在远处,或许在人迹罕至的深山里呢。

"河的左岸,您的正前方,那片绿茵茵的山坡,就是那株千年古檀!"

绿茵茵的一片,形似山坡,看起来与其他坡地的绿并无二致,只是更简单一些罢了,看不出是树冠,岂能是千年古檀树?

印象中的古树,总是那么的稀少,极难幸遇;总是那么的伟岸,令人起敬;总是那么的鹤立,令人崇拜。记忆中的千年古檀,在全国只有屈指可数的几株:山东省仅有一株,在枣庄市的青檀寺;安徽省幸有两株，一在全椒县龙山上，二在无为县天井山国家森林公园里；其他省份，只能以拥有百年檀树为荣了。如果在此能够一睹千年古檀，那何止是三生有幸，真是九辈子有幸！

"坎坎伐檀兮，置之河之干兮，河水清且涟猗。"吟唱着《诗经·伐檀》的诗句，我跨过小桥，向那片"绿茵茵的山坡"走去。走近看，竟是说不出的惊喜！

原来，依着北侧的悬崖，生出胸围达6.5米的主树干，不高，从底部分出4权，集簇扶摇而直上，高耸30余米，这4权又各自分出众多支权，斜斜地向南伸去，构成了半圆形的树冠，从悬崖顶一直披到崖脚，宛如山坡。这棵低调的千年古檀不作凌空的姿态，难怪我第一眼没有认出来。不是"狗眼看人低"，而真是当代的"人眼看树低"！

檀树有很多种，木材都比较贵重。如紫檀是世界上最稀少而珍贵的木材之一，可制作高档家具，黄檀木是雕刻上品……这棵古檀则属于青檀木，是我国特有的稀有树种。它的枝茎皮是制造书画宣纸最好不过的原料，因而被大量砍伐，如今在全国只

有零星分布，不容易找到了，更别说如此粗壮的大树了。

专家说，这棵老檀至少见证了1400个春秋的风风雨雨、物是人非。

在千年古檀的树阴下

我惊诧于这棵古檀能够躲过千年"坎坎"的号声。这铺陈开来的面积巨大的根系，裸露地抓伏在岩石之上，纵横交错，如盘龙卧虬，基础十分扎实。这粗壮而巨大的主干，按根系的支持力度，应当是一冲云宵的大将军，而非如今这样矮短、被后生的4权取而代之。我不是植物学家，只是怀疑这棵古檀早已不属于"原始森林"，而是属于遭人伐砍后重生的"次生林"。但即使是次生的檀，能漠视利斧的伤痕，一直生存至今，也是一件十分不易的事。长寿的原因何在？

古檀的东侧设有祭坛。阿黑说，每年农历的三月三，当地的乡民多会群聚古檀树下，点上一柱或高或低的香，许上一年或大或小的愿，然后在树枝或树根上系牢一根根的红布带，双手合掌、绕树三圈，重新燃起一年一度的希望与祈盼，重新开始春华秋实的日子。因为，这棵古檀，已被当地许许多多的乡民认作"干娘"。人总有那么一点点良心，不至于杀死自己的娘亲吧。于是，乡民与老檀之间的互爱，让这棵檀一年年地躲过了劫难。

人和，只是原因之一。这棵檀树，还占尽了天时与地利。扎根悬崖脚下，高高的悬崖阻挡了冬天一场场呼啸的朔风，白天存储太阳的热量，夜晚释放出温度，温暖了这棵檀树，使它免受了严寒之摧

残；远离河道而生存，为可能突袭而来的滔滔洪水留出了行洪通道或行洪区，避免了折枝伤体的痛楚；远离山顶而安居，避免了雷打电击；主根扎在岩石的缝隙中，次根伸向河岸的土壤里，根系既结实牢固又能够汲取丰富的营养……。

"这棵檀，生于如此特殊的风水，长于如此特别的环境，真是大自然的厚爱！"阿黑说："我们都叫他为迎宾古檀。欢迎您的到来！虽然我只等了几天，但这棵古檀却等待了千年！"

我想，在"坎坎伐檀兮"成为人们朗朗上口的诗句后，有檀渡千秋，不仅是自然界的小概率事件，更是在有人类社会影响下的极小概率事件。而我受导游阿黑的召唤，被天碑、地书吸引而来，遇到了这棵古檀，更是小概率事件啦！

行洪通道或行洪区

指的是平时不过水，当洪水来临时过水的区域。

行洪通道一般沿河分布；行洪区多为特别规划而设置，当洪水达到一定的水位时，通过人工分洪，使洪水注入行洪区，以减少河道的流量与洪峰，达到减灾的目的。

行洪通道与行洪区均存在潜在的危险。因为洪水的到来防不胜防。一旦被洪水卷走，其结果在统计学上可理解为"九死一生"。所以，不可在行洪通道与行洪区建设住房等永久性建筑物。在丰水期，也不要在行洪通道与行洪区搭帐篷露宿。

别具风格的河流

五大奇观、六大谜团、七大幽潭……你相信吗？一条不起眼的小河，竟造就了一条遍布奇景异观的大峡谷，一座峡谷博物馆！

"从千年古檀边流过的河，叫青河。"阿黑领着我们到了一块巨大的指示牌下："青河是黄河的支流，全长仅仅24千米，流经新安县石井乡、西沃乡，然后在西沃乡石山村北注入黄河。虽然源不远、流不长，但根据河道的宽窄，还分出宽谷的下游与峡谷的上游。其上游到源头不足12千米。龙潭大峡谷的奇景异观，如天碑、地书，都集中分布在这条青河的上游。"

我起初怀疑长度不足百里的青河能否与流经万里的黄河相提并论。但当我现在回顾龙潭大峡谷的美景，才发觉青河的与众不同，她有着别样的美丽，有着丰富的内涵，有着别致的创造力。或者说没有青河，就没有龙潭大峡谷的奇观。

　　纵然在枯水期，隐藏在深深峡谷中的青河一般也不会枯涸。叮——、叮——，树叶或草叶上的凝露被山谷里的风一吹，如小铃铛一般，一层层地滴落下来；叮咚——、叮咚——，有泉从崖缝的青苔

五龙潭（局部）

中滚落，清水石上成流。而成流的水，或蛇行、或雀跃、或虎跃，直扑河床的怀抱。随河床的地势起伏，青河的水体呈现出多姿多态。或如婀娜的睡美人，静静地卧着，湖或潭的水面波澜不惊；或如滑梯上的稚童，嬉笑着，一波接一波地追逐，发出哗啦啦的叫喊声；或如勇敢的小伙子，站在崖上，毫不犹豫地跳下了深潭，激起了一阵阵的水花，形成了一

雨后的青河

帘帘的瀑布。

　　丰水期的青河，则呈别样的姿态。每一处，都喧腾不止。138平方千米的流域面积，植物都绿油油的，土地都湿漉漉的，43条支流如同静脉，汇聚了从土地里渗出的水份，然后注入青河。于是，大雨、暴雨中的青河沸腾了起来——安静的湖与潭不再平静，深而窄的峡谷不再空虚，暴涨的洪水没过陡崖峭壁，崖壁上的树木想挽留住一晃而逝的流水，不留意间，那些平日里急于长高、根基尚未牢固的树木，一下子就被洪水吞没了。此时，以前垂帘式的瀑布消失了，整个青河上游是一条快速游动的巨龙！

　　巨龙的游动，洪水的冲刷，摧枯拉朽，是一位创作山水画的巨匠，创作出了龙潭大峡谷的巨大画卷。

　　"龙潭大峡谷位于黄河支流青河上游，全长12千米，深100～300米，最窄处仅1～3米左右，峡感强烈。"阿黑进一步介绍道："峡谷各段形态不同，更罕见的是，隘谷、嶂谷、峡谷、宽谷等不同类型的谷地在这里一应俱全，争奇斗险，构成了

龙隐谷
Dragon Hiding Gorge

龙山天池
Longshan Heaven Pool

大皇姑
Big Huanggu Nunnery

洛家
Luo Family

游龙上岸
Swimming Dragon Landing
玉玺石
Jade Seal Rock

银练挂天
Silver Chain Hanging in Sky

仙女出浴
Fairy Lady

指纹石
Fingerprint Rock

喜鹊迎宾
Magpie Greeting

石上檀
Shi Shang Tan

棋盘状节理
Chess Board Joint

天书石
Heavenly Book Rock

波痕崖
Ripple Mark Cliff

五代波纹石
Five-generation
Ripple Mark Rock

崩塌地貌
The Physiognomy Of The Collapse

宾王洞
Binwang Cave

仙人足迹
Immortal's Footprint

天碑
Stele of Heaven

攀岩区
Cliff Climbing

情侣瀑
Lover's Waterfall

滑道
Slideway

高空铜索桥
Upper-air
Iron Bridge

勇者之路
Braver Road

龙潭大峡谷景区景点分布图

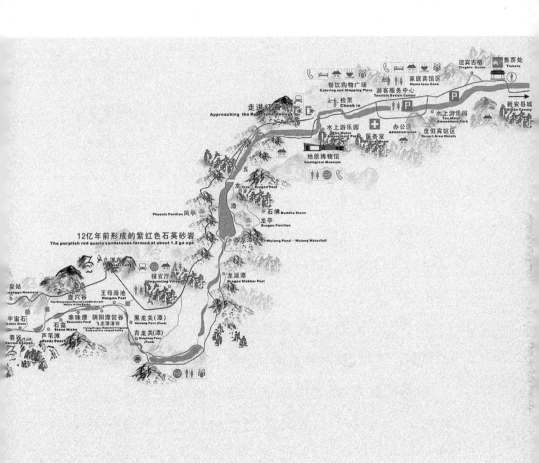

售票处
Tickets

迎宾古榴
Yingbin Gulan

家庭宾馆区
Home Inns Zone

餐饮购物广场
Catering and Shopping Plaza

游客服务中心
Tourists Sevice Center

新安县城
Xin'an County

走进红谷来
Approaching the Red Stone Valley

检票
Check in

水上游乐园
The Water
Amusement Park

水上游乐园
The Water
Amusement Park

办公区
Administration

度假宾馆区
Resort Area Hotels

医务室
Medical Room

地质博物馆
Geological Museum

五
龙
潭

Five Dragon' Pool

石佛 Buddha Stone

龙亭
Dragon Pavilion

凤亭 Phoenix Pavilion

12亿年前形成的紫红色石英砂岩
The purplish red quartz sandstones formed at about 1.2 ga ago

五龙瀑布 Wulong Pond - Wulong Waterfall

瀑布
Water Fall

龙涎潭
Dragon Slobber Pool

皇姑庵
Huanggu Nunnery

葫芦谷
The Grotesque Fluvial Landforms pot

接官厅
Jieguanting Village

王母浴池
Wangmu Pool

宇宙石
Cosmos Stone

石龛
Stone Niche

串珠潭
Chuanzhu Pond

阴阳潭瓮谷
Flying Dragon Waterfall Yingyang
Pond and Urn-shaped Valley

黑龙关(潭)
Heilong Pass (Pond)

巷谷
Narrow Canyon

芦苇滩
Reedy Beach

飞龙瀑布

青龙关(潭)
Qinglong Pass
(Pond)

峡谷博物馆。"

红岩绝壁，飞瀑幽潭，狭沟深谷，奇石绿荫，走进这样的山水画廊，可谓移步换景，妙趣横生。有人用"五、六、七"三个数字来概括大峡谷的特色：

"五"是指发育五大自然奇观，分别是：迎宾古檀、绝世天碑、石龛、五代波纹石、银练挂天。

"六"是说有六大自然谜团，分别为：绝世天碑、石上地书、水往高处流、佛光罗汉崖、星辰日月石、巨人指纹。

"七"则数七大瀑布幽潭，分别是：五龙潭、龙涎潭、青龙潭、黑龙潭、卧龙潭、阴阳潭、芦苇潭。

但我最想探究的还是天碑与地书。于是，我催促阿黑，溯青河而上，尽快找到让我望眼欲穿的天碑与地书。

隘谷、嶂谷、峡谷、宽谷

隘谷、嶂谷、峡谷与宽谷，是按照谷坡陡峭程度、谷底宽窄程度的不同，划分出的4类形态不同的河流谷地，具体特点为：

隘谷：谷坡近乎垂直状态，谷底极为狭窄且为河床。谷底少阳光，阴暗潮湿，如果站在谷底仰望，只能看到一线天空，甚至根本看不见天空。

嶂谷：谷坡陡直，谷坡的深度远大于谷底的宽度，且谷底也多为河床。谷底偶见阳光，多阴暗潮湿，仰望上空也只能看到一线天。

峡谷：谷坡较陡，谷底较宽但未大量发育河漫滩。谷底多见阳光，谷坡植被繁盛。

宽谷：谷坡平缓并且有河床阶地，谷底宽阔并且发育成了河漫滩。谷底阳光充足，谷底与谷坡植被繁盛。

这4种谷地都属于河流地貌，不同的是，宽谷、峡谷多发育于河的下游，嶂谷、隘谷发育于河的上游。

由于河流地貌不仅受水文条件制约，也受构成河谷、谷坡的岩层性质的影响，一条河同时发育4种峡谷地貌的情况不多，通常仅发育4种峡谷之中的1、2种。例如黄河，下游处于冲积平原；中游便以发育宽谷为主，也有峡谷，如晋陕峡谷；上游多为峡谷与宽谷相间，闻名的有龙羊峡、积石峡、刘家峡、八盘峡、青铜峡等。

而青河所发育的龙潭大峡谷，却同时拥有这4种谷地形态，实在难得。

红石12亿岁

　　龙潭大峡谷的崖壁，由一道道深紫色、紫色、红色、浅红色、浅黄色的岩层交错装扮而成，据说已屹立了12亿年！这真的可能吗？

坍塌的神庙

"河对岸的那一座旧房，墙是规整的红石块砌成的。"快到龙潭大峡谷景区的检票口，阿黑停了下来："那红石块易于开采，见方见块、整整齐齐的，是乡民建房的传统建材，房子因此红彤彤的，十分喜庆。整个景区，大自然也用这种石头作为主要建材，各种景观都彰显着这种红石头美丽的质地。"

我迫不及待地蹚过浅浅的青河，走到房子的门口。那房子的屋顶已塌、已漏，屋内还有祭台，留着一个硕大的石香炉，封墙上还有一个几根土块搭成的神龛，想必原先乡民在此供奉神像。但我没有在意是神龙爷还是观世音，我关心的是那房子的基座——那红色的岩层。

首先，我看到岩层每个层面都很平整，但微微倾斜，只能说近似于水平状态。正如一碗水很难端平一样，地壳"端着"这一岩层，经历了无比漫长的过程，又怎能保持岩层一直呈严格的水平状态呢？所以，整个峡谷的岩层层面，都是处于这种近似水平的状态，只是有的地方近似度高些，有的地方近似度差一些罢了。

丹崖赤壁

岩层是否水平，涉及岩层是否稳定的问题。就像桌子上的一本书，平放着自然稳当；若悬空或竖立，还能保证稳而不倒么？

其次，这岩层的色彩极为丰富，从颜色上就看出非常明显的分层。奇怪的是，岩层均为深紫色、紫色、红色、浅红色、浅黄色等多种偏暖的色调，而没有苔绿、灰绿那种冷色调。

于是有人研究认为，这种岩层色彩的差异，可能与岩石所含铁的价态有关。如果三价铁含量相对高了，岩石就偏深紫色；如果二价铁含量高了，岩石就偏浅黄色。而铁的价态，则是由氧化－还原环境决定的。处于氧化环境，铁多呈三价，也混合存在着二价的铁，与氧结合成氧化铁（如磁铁矿、赤铁矿），再与氢结合成氢氧化铁（针铁矿）等。如果处于还原环境，铁多呈二价，易与硫结合成黄铁矿等。

可见，岩层的颜色分层，反映了它所处的特定的氧化－还原环境。根据此处偏暖的色调，推测它们当时应该形成于氧化环境，处于气候炎热的地方。就像在炎热的南方多形成红土与黄土，寒冷的北方多形成灰土与黑土一样。

不同颜色标识出的岩层有厚有薄。薄的岩层，只有厚纸一般，若用石头去磨砺一番，一会儿就可能把它磨透。厚的岩层，不知道最厚的地方有多少米，我在这里所见到的，就有大约一米厚的岩层。

当地乡民不会用太厚的岩层砌墙，因为整体太重了，也太难分割成块。但大自然很会量材施用，用厚岩层来创作特殊的作品，形成峡谷的彩色崖壁，展示大自然的鬼斧神工。

"这些多彩的岩层属于沉积岩，因为它们身上有流水作用的痕迹，可见曾经是形成于水环境中的。"阿黑大声地告诉我，"地质学家说它们在 12 亿年前就形成啦！可是中国古人说，开天辟地至公元前 481 年，仅 326.7 万年，至今不足 327 万年呀！这两个年龄也相差太多啦！为什么？"

我欣赏阿黑的博闻与勤思。心想，我们老祖宗对地球年龄的认识，说得已经算久远的了。西方宗教界人士所认为的地球年龄，可短啦。有位 17 世纪的神父宣称，地球是上帝在公元前 4004 年创造的，

至今（2013年）也就是6000多年！比"上下五千年"的说法都差不少。

地球的年龄到底是多少？是怎样计算出来的？这个问题的答案，自古希腊至今，不少贤人学者一直在求索。

历史学家首当其冲，当然是追索时间的先锋官。如被誉为"历史之父"的希罗多德（公元前484—前424年），观察到尼罗河每年泛滥的洪水都带来一层薄板似的泥土沉积，面对由此形成的巨大、巨厚的三角洲，他推想：尼罗河三角洲的形成一定经历了漫长的岁月，至少经历了约数千年的沉积过程。他进而提供了一种测定地球年龄的方法：只要测定各地沉积岩的总厚度，再除以每年沉积的厚度即沉积速率，就可以获得各地形成的年龄数据，从中找出的最老的数据就代表了地球年龄。

于是，在"水成论"仍然盛行的1860年至1909年，有数十批地质学家去测量沉积岩厚度，估计了地球沉积岩的厚度约为33000—100000米，每百万年的沉积速率为50—3000米，年龄数据在1700万至15亿

龙潭大峡谷内的秋海棠

8500万年间——就是说，地球在15亿年前就已经形成了！这大大拓宽了人们的视野，也给宗教"创世记"说的时间打上一个大大的问号。

1715年，英国天文学家哈利又提出一种新方法："海水盐分法"。这个启发来自于古人用火煮或让太阳晒海水，使海水变成浓度越来越高的卤水，从而结晶成盐。方法是：测量十年中海水浓度的变化，就可以计算出海水从淡水变化到现在的浓度所需要的时间，后人据此计算出海洋的年龄为9000万年。

通过计算海洋年龄来推测地球年龄这种方法，虽说还基于宗教认为创世时地球为洪水覆盖的假说，但也打了宗教一记耳光：地球的年龄远不止宗教人士所说的数千年。

以上所述利用沉积岩厚度、海洋盐度等方法计算的地球年龄，具有很大的变化范围，且参数的取值不一，充其量仅仅是对地球年龄的估算。那么，有没有更科学的计算地球年龄的方法？

20世纪后，随着分析化学的快速发展，人们先发现了放射性现象，后又发现放射性元素具有半衰现象，并且具有特定、恒定的、确定的半衰期，最重要的是，放射性元素之间具有生成关系，如铅是铀衰变而来。由于地球形成之初有铀而无铅，而现在既有铀又有铅，那么测定铀、铅的相对含量，利用具有恒定速率的半衰期，就可以精确地测定出衰变过程的时间，当做地球形成之初仅有铀等元素存在时的年龄。

根据现在积累的大量放射性年龄数据，表明地球上最古老的岩石年龄约为38亿，中国最古老的岩石年龄也达到了约36亿年。这些数据是实测的，各相关试验所测的数据均能对比，仅有一定的误差，是科学数据。至于有人认为地球的年龄为45亿年，则是基于一些复杂模型的推测，各人认识不尽一致，还处于探索阶段。

脚下的红色岩层的年龄，就是地质学家通过放射性年龄的测定并结合地质学原理确定的，大约12亿年。

"12亿年，这是何等漫长的岁月！这多彩的岩层，经历这漫长的岁月，还能够不变颜色，还能屹

立至今！"阿黑问道："古老的岩石为何能保存至今？"

其实，这里不同颜色的岩层，软硬、韧脆的程度并不一样。有的岩层，既硬又脆，用铁锤去敲，当当地响，容易崩出碎片；用刀子去刻划，刀子只是跳跃着划过，不会留下任何痕迹；用放大镜去观察，矿物颗粒亮晶晶、油滑滑的，多是石英。这种又硬又脆的岩石，是石英砂岩。

还有一种岩石，既软又韧，用铁锤去敲击，像打在棉花上，多只是陷进去一个坑；用刀子去刻划，刀子即没入岩石中，刻痕明显；用放大镜去观察，矿物颗粒暗淡无光，多是风化了的长石。这种岩石是泥岩。

若层层的岩层都由石英砂岩构成，那是硬上加硬，坚硬无比。若层层的岩层都是由泥岩构成，那是棉花里垫棉花，一定柔弱无比。如果柔软的泥岩层垫在厚重的石英砂岩下面，那么整个岩层还能坚强无比吗？

这里的岩石有软也有硬，在地表接受风化，在地下接受变质。若被风化，必当成砾、成沙、成泥，随风随水而去，岩层定当损失并趋于消失。但在地下埋藏着、躲藏着，纵然被挤压变形、被烘烤变质，却仍然能存在。

"人生百年都觉遥远，何况亿年！地质的过程却十分漫长，我们人类所能观察到的地质变化，仅仅是现在的一瞥。"阿黑感叹："没有科学的时间概念，我们就不能理解自然的力量，而只能用神的力量去解释自然啦。"

阿黑说的非常正确。

小知识

氧化－还原环境

氧化环境，是富含游离氧或其他强氧化剂的环境。在其中，通过生物化学反应，微生物可将有机质氧化，产生水和二氧化碳；通过化学反应，低价态的铁、锰等金属离子与游离氧结合，形成高价态的铁、锰等金属离子。

还原环境，是含有大量有机质、甲烷、氢等还原性物质的环境，其中不含或仅含极微量的游离氧或其他氧化剂。在其中通过生物化学或化学反应，高价态的铁、锰等金属离子会被还原成低价态的铁、锰等金属离子或原子。

各种金属元素对氧化－还原环境的响应不同，以铁元素为例：

铁的价态	氧化还原环境	代表性铁矿物
Fe^0	强还原	自然铁
Fe^{2+}	还原	黄铁矿、磁铁矿、菱铁矿
$Fe^{2+} > Fe^{3+}$	弱还原	鲕绿泥石、钛铁矿
$Fe^{2+} \approx Fe^{3+}$	过渡	黑硬绿泥石
$Fe^{2+} < Fe^{3+}$	弱氧化	磁铁矿、富锰绿泥石
$Fe^{2+} \ll Fe^{3+}$	氧化	海绿石、磁赤铁矿
Fe^{3+}	强氧化	赤铁矿、褐铁矿

沉积岩

组成地球岩石圈的主要岩石有三种：沉积岩、岩浆岩（或称火山岩）、变质岩。这是根据岩石成因论而划分的，沉积岩又叫水成岩，岩浆岩又叫火成岩。

岩石成因的分类，是欧洲文艺复兴的重大科学成就之一，突破了宗教的桎梏。

《圣经》第一部分"创世记"说，洪水退去，陆地才从茫茫的水中露出来，生物才有栖息之地，人类才有采矿石、建高炉、修铁路的基础。工业革命兴起后，世界首所矿业学校应运而生。1765年，德国弗莱堡矿业学院成立，年轻的沃纳教授开设地质课，地质学成为一门独立的学科，沃纳把所有的岩石都归结为"沉积岩"，即，岩石都是水成的，都是史前那场洪水的杰作。由此形成了地质学史上的第一个学派："水成派"。该学派的"科学"，"验证了"基督教的信仰，获得了教会的广泛支持。

然而，"水成派"重经典、轻实践，属闭门造车。当工业浪潮席卷大地，人们在广阔的野外进行工作。法国人代马雷，出身于贫苦的农村家庭，十五岁前没有进过学校，他以自然为读本，行了万里路。1763年，他在法国中部旅行，发现了玄武岩，并追索玄武岩的分布，最终找到了火山口。火山口是什么？是喷发炽热岩浆的地方！由此，代马雷认为，岩石不尽是"水成的"，也有的是"火成的"。提出"火成岩"设想的代马雷，为了确认岩石"火成论"的正确与否，又去考察有文字记载其喷发过程的意大利维苏威火山，然后返回再考察、再研究自己发现的玄武岩与火山口的关系，用了8年时间进行推敲，终于在1771年写成论文，交给了法国科学院。

但此时，"水成论"盛行，无处不受影响，法国科学院搁置了论文，3年以后才公开出版。自此，地质学历史上的第一次论战愈演愈烈，直到 1785 年，英国的赫顿发现花岗岩烤焦石灰岩，重熔维苏威火山的岩石并让它冷却再次形成火山岩，进一步支持了岩石的"火成论"，使部分支持"水成论"的学者转身支持"火成论"，使部分宗教人士哑了口、无了言，"火成论"才与"水成论"平起平坐起来，共分秋色。

后来，地质学家发现早期形成的沉积岩与火成岩，如果再受到温度的烘烤，就会出现重结晶或形成新矿物，此时就发生了"变质作用"，形成变质岩。自此，岩石一分为三：沉积岩、火成岩、变质岩。

判断青河畔的红色岩石是沉积岩，是因为：宏观上岩石层层叠叠，其中留下了流水作用的痕迹，如面理、交错层理、波痕等等，反映了岩石是在水环境中形成的。同时，地质学家在岩石中发现了有机物，只有原岩为沉积岩的岩石才含有有机物。

半衰期

放射性元素的原子核，有半数发生衰变时所需要的时间，叫做半衰期。

半衰期的长短取决于放射性元素的原子核内部本身的因素，与原子所处的物理状态或化学状态都无关。如：放射性元素 Na^{24} 的半衰期只有 15 小时，C^{14} 的半衰期为 5730 年，Cl^{36} 的半衰期则为 40 万年，U^{235} 的半衰期为 7.1 亿年，U^{238} 的半衰期竟长达 45 亿年。

石英砂岩

砂岩中，如果石英碎屑（包括石英岩屑、硅质岩屑）含量超过 90%，长石和岩屑少于 10%，就叫石英砂岩。

石英是一种矿石，物理性质和化学性质都十分稳定，且有较高的耐火性能。因此石英砂岩是制作各种玻璃、陶瓷制品及硅质耐火材料的重要原料。

在建筑上也是混凝土、筑路材料、人造大理石等的重要材料，还可以制作通讯光纤，提高橡胶、塑料、涂料的耐磨性。生活中可见的工艺摆设、园林雕塑、浮雕壁画以及艺术砖等，也有很多是石英砂岩的杰作。

石英砂岩在我国华北长城系地层和华南泥盆系地层中分布很广，其中常出产许多沉积型铁矿，如河北的宣龙式铁矿，南方的宁乡式铁矿等。

泥岩

泥岩是沉积岩的一种。是粘土经压固、脱水和微弱的重结晶等作用而固结成岩，呈块状，质地松软，层理不明显，成分比较复杂，主要由粘土矿物（如水云母、高岭石、蒙脱石等）组成，其次为长石、云母、石英等碎屑，绿帘石、绿泥石等后生矿物，以及铁锰质和有机质。

泥岩能吸水、耐火，并具有粘结性，可用来制作砖瓦和陶制品等。

　　泥岩广泛分布在我国的中生代地层中。黑色的泥岩常含有机质，是产生石油的良好岩系。

鱼向龙门跳，水向源头行

鲤鱼跳龙门，是逆流而上的勇举。河水转向侵蚀自己的源头，是削高补平的公正之举。自然界的现象看似奇特，实际上都有它内在的规律。

望子成龙、望女成凤，或许是许多家长为之奋斗的目标。自然界中最能体现远大理想的，要数鲤鱼跳龙门的典故了。传说中，凡是有理想的鲤鱼，都会去跳高高的龙门，都想成为能够腾云驾雾、君临天下的龙。

"在龙潭大峡谷，我们会遇到传说中鲤鱼成龙的不少景点。访五龙庙、游五龙潭，再登龙梯、穿龙门，我们的前面就是聚龙堡。聚龙堡在五龙瀑的

如梦一般的五龙瀑

上方。传说中，如果鲤鱼能够跃上五龙瀑，就成了龙，栖息在聚龙堡。"在60米长的人工隧道中，只能见到前方如窗口大小的一片光亮。

李白有诗云："黄河三尺鲤，本在孟津居。点额不成龙，归来伴凡鱼。"古代就有腾飞成龙的鲤，也有伴凡鱼的鲤。但不想成龙的鲤，永远都只是一只凡鱼。

孟津的鲤鱼，都知道传统的龙门在黄河的壶口瀑布。到壶口瀑布去跳，能成为传说中的龙。但有一部分鲤鱼打起了自己的如意小算盘：孟津离壶口十分遥远，千里征程需要逆流而上。等游到壶口，早已精疲力竭，别说跳，能保存住性命，就是大幸了。可五龙潭不一样，离孟津不远，也就是百来千米。况且，早有鲤鱼跳上了五龙瀑，成了龙，现在还驻守在聚龙堡，或潜伏在五龙潭，可作为先师，授业解惑，引导后来者。再者，五龙潭旁还有五龙庙，只要心诚，可去烧一柱高香，抱一时的佛脚。最重要的是五龙瀑也是龙界公认的龙门，虽然远没有壶口瀑布高，没有壶口瀑布险，听起来一样是"跃龙门"。最最重要的是，五龙瀑的龙门由一层层渐进的红岩层构成台阶，不用一下子从水面跳到凌云的龙门口，只要一步步地上去，不管是跳、是爬，还是咬着其他鲤鱼的尾巴，上去了，就是被点了额。最最最重要的还有，五龙瀑的水干净、透明、轻如薄纱，任何一条鲤鱼跳龙门的所有环节，均可彰示于天下，可得公允，不像壶口瀑布的水那么浑浊，需要离开水面，在太阳照耀的空中飞行，跨过龙门，才得认可，才被点额。因此，年纪稍大一点的鲤鱼，或与凡鱼相处一段时间的三尺鲤，都不去壶口瀑布的龙门，而是挤到五龙瀑的龙门来。

五龙瀑是青河上游与下游的分界点。瀑布之上是上游，河床狭窄，多由基岩构成。瀑布之下是下游，河床宽阔，沉积着泥沙。

阿黑说："除了五龙瀑，青河的上游还有许多瀑布，也是级别渐高的龙门。成了龙，只是鲤鱼修身的第一步。想成为这里的龙王，还要一步步地再去跳龙门呢。但龙门一个比一个跳得艰难。"

青河中，最难跳过的龙门莫过于飞练瀑（也称"银

练挂天"）。瀑布下没有深潭，只有不大的水坑，想必容不下太大的鲤鱼。

"银练挂天"的龙门，呈窄窄的"V"型，底部涌出一线水流，从高达80米的龙门门槛笔直地跌落。想必没有一只鲤鱼能够在此跳上天去成龙的，因为鲤鱼离开水面的弹跳能力只有1至2米高。可就有一部分勇敢的鲤鱼，总想挑战80米高的门槛，它们的勇敢行动不仅感动了人，也感动了神。据说，飞练瀑的对面，那形状如鱼的天碑石，就与勇敢上进的鲤鱼有关。

鱼有恒心，水更有毅力。五龙瀑、飞练瀑的一线水流，裹挟着砂子，终年不断地磨蚀着河床，形成了河流的"溯源侵蚀"现象。

"溯源侵蚀？"阿黑奇怪起来，"就是向源侵蚀吧？由于流水侵蚀，冲走河床的岩石或沙土，使下游河床不断加深、加宽。深、宽到一定程度时，水流速度降低，流水搬运而来的岩石碎屑开始沉积，下游的沉积与侵蚀达到一个平衡点。侵蚀作用转而向上游迁移，步步向源头后退，从而使河床上的陡坎渐渐消失，不再有落差。原本由落差产生的瀑布也就逐渐消失。"

阿黑的看法还挺准确。此时的青河，正处在溯源侵蚀的过程中。五龙瀑就是沉积与侵蚀的平衡点，其下河段（一直到注入黄河的西沃乡石山村北）的侵蚀已完成，上河段（一直到源头的最高峰）的侵蚀正在进行中，并且这过程将使五龙瀑不断向源头后退，直到河床的陡坎消失，不再有瀑布出现。

但有一点阿黑可能不知道：一个地区若存在溯源侵蚀，说明这个地区的地壳很可能正处于隆升之中，山体像竹笋一般正拔地而起呢！

大家想，平原区的河流中会有瀑布吗？没有。因为平原的河道很宽，河床也很平，不会有突然的跌水现象。但山区的河则不同了，河床倾斜（坡降大），多有陡坎，多有瀑布。

阿黑还有一点不知道的就是，黄河在孟津之下已进入平原地区，而黄河鲤要跳的龙门，都在山区中隆升最快的地方，如壶口瀑布地区、龙潭大峡谷地区。

　　有人已不佩服鲤鱼跳龙门的理想与决心，因为鲤鱼能力的所限，空有抱负，却无才于胸，永远到达不了河流的发源地；也有人提起了那位在黄河之北的王屋山上挖山不止的愚公，他和他的子子孙孙，

想把王屋山挖平、把东海填平，但至今愚公们已知道生命过程有限，不可能"无穷焉"，因此放弃了。没有放弃挖山的是水，黄河的水、支流青河的水，它在地史时期就进行了"溯源侵蚀"，现在仍然在"向源侵蚀"。在这漫漫的过程中，它对隆升的地壳进行了雕刻，形成了一处处景区，如五龙潭、聚龙堡。

穿过隧道，一脚就踏进了一个明亮的大厅。阿黑说："这大厅，就是聚龙堡的主厅。"大厅的天花板，一定是高透明度的玻璃做的。不然，天上的太阳、云朵，山坡上的孤峰、花朵，就看不清了。大厅的地面，是几层错落有致的红石铺成的，红石面上有一道道的花纹（后来知道是波痕），设计得很巧妙，人走在上面，不会滑，想必成龙的鲤鱼走在上面，也不会打滑。

聚龙堡

大厅有两扇小门，一个在东角，另一个在西角。青河水从西角门流进，蹑手蹑脚地穿过大厅，流向东角。东角的门是永远开着的，一眼望去，顿觉眩晕，因为门外就是一泻而下、飘着水雾的五龙瀑。

流经大厅的青河水，清澈透明无比。择一块红石而坐，把脚丫子伸向水里，顿觉凉爽与惬意。水下的岩石很红，有波纹，用脚去趟了趟，那波纹很硬，一行行，一段段，如书中的文字，是流水行走岩石刻下的波痕。石面都没有了棱角，好象被工匠打磨过一般。一阵风吹过，石隙中生长的五角枫树或青檀树，摆了摆一尘不染的绿叶。

"真是世外桃源一般的宁静呀。"阿黑提着他的旅游鞋，走了过来："这个聚龙堡，也像碉堡吧？前有五龙瀑断崖、五龙潭深水，敌人想进攻，简直就是做白日梦；后有数千米的峡谷，如密道、如战壕，想退，十分容易。可是，在旅游开发前，鲜有人知道这个地方，因此没有成为军事要塞，只属于传说中龙的世界。"

我想探查一下聚龙堡的大厅是如何构筑的。四周的墙壁，都由巨大的石块"砌成"。墙的内壁都很平直，推测是断裂面；每块石块的内部还发育有面理，一层层的，似乎容易剥离开来。墙上有几块掉进厅里的石块，也近于方方正正。

难道说，是因为一块一块的石块被青河水推下五龙潭，让出了空间，才构成这大厅？这就是流水搬运的结果？没错。正如世上的路本是没有的一样，聚龙堡原本并不存在，而是流水流出的风景。

削高补低，是流水永不变更的立场。上善的水最能持久，只要山在增高，水一定想方设法把它削平！与其说鲤鱼，不如直接就说水本身在追源溯流！

"有人说，水往低处流。但我看到的却是水的事业一直延伸到山的最高处。"我感叹地说，"鲤鱼或许追随水的理想才有了理想去跃龙门。但我更想将这层意思引申开来，人往高处走，也当向水与鲤学习。自然也是老师。"

小 知 识

溯源侵蚀

河流或沟谷，也有生死，是个演化的过程。这过程一定有流水的参与。

流水冲刷时，通过磨蚀、冲蚀等方式，使河床或沟床的岩石不断被剥离，不断产生岩石碎屑，并随流水搬运而迁移，这样河床与沟床不断加深、加宽。下游水量大，被侵蚀的时间长，其河床或沟床因此会比上游的更深、更宽。

河流或沟谷的深度、宽度到了一定程度，流水的速度就会降低，流水搬运而来的岩石碎屑开始沉积，此时不再发生侵蚀作用，达到了沉积与侵蚀的一个平衡点。

这时，河流或沟谷进一步演化，沉积与侵蚀的平衡点就会向上游迁移，越来越靠近源头，即侵蚀作用步步向源头后退。这种现象称溯源侵蚀，也叫向源侵蚀。

因为溯源侵蚀而形成的景观有很多，著名的有黄河的壶口瀑布、长江的虎跳峡等。但随着侵蚀不断向源头靠近，数万年后，这些著名景点可能就不在原来的位置了。

巨石当关谁能开

据说，水流的速度每增加1倍，能搬运的砂砾的重量就可增加64倍！而两块卡在关隘石壁间、"一夫当关、万夫莫开"的巨砾，能被看似柔弱的水流解放吗？

"出聚龙堡西门，进入龙潭大峡谷的第一

龙涎潭

个关隘，号称龙涎潭。这个关隘长约百米，宽仅 3—5 米，两壁陡峭，高近百米，壁上一年四季都有泉水涌出，如青龙吐珠，大珠连着小珠，珠珠落入玉潭，故有龙涎潭的名称。"阿黑站在仅容一人的栈道上，扶着护栏："未修栈道前，这里近直立的石壁多被泉水浸湿或生了青苔，十分光滑，壁下又是深潭，因此无人冒险从潭边走过，而宁愿绕道山坡。"

举头，难以见到清澄的天空以及飘过的云朵，只可见崖顶上张牙舞爪、棱角分明的岩石，以及从岩石缝隙中好不容易扎下根系的草树，让我生怕这些岩石松散或者植物没有扎稳根系，会突然坠落下来，砸伤我们。对峙的悬崖，表面十分光滑，像打磨过的一样，浸入潭中。不知潭有多深。有千尺吗？比汪伦送李白的情还深吗？

阿黑说，曾有景区管理人员用绳子系上了石块，抛下去以测量深度，见最深处也只有 20 多米。后来，也有潜水员下水去考察，发现潭底平坦，多是沙子，也有一些泥，还有一些石块，除此之外，没有发现大鱼，更没有发现想成龙的鲤鱼。

想想也是。这潭虽然深，但过于窄，如有龙，怎得翻身，怎得从潭里跃起去腾云驾雾、翱翔天宇？静静的潭水，卧些细小的砂砾，也应是情理之中。

幽幽的波光，突然涌起了快速扩散的涟漪；转过一个弯，叮咚声被哗啦啦的声音完全覆盖。面前的一帘瀑布，一缕缕的流水，如一队队活泼的小女孩，提着霓裳，胆子大的，踮了一下脚尖，欢笑着一头扎进了水面；胆子小的，坐在陡崖边，犹犹豫豫、磨磨蹭蹭，从坡上颤抖着滑了下去，生成了一朵朵小水花。

栈道在瀑布旁，伏着岩壁径直而上。当瀑布退在身后，前面又是怎样的景色：两块巨砾，互不相让，想必是都为了追随小女孩一般的瀑布，一猛子扎进碧绿碧绿的潭水中，结果相互挤在窄窄的关隘石壁上，又互不相让，结果谁也过不去，并让后面难以计数的巨砾、卵石叠起了罗汉，一块压着一块，谁都想冲向深潭，但谁都寸步难行！

"这个景点叫巨石过缝。"阿黑边介绍，边艰难地登上一座跨越乱石的小桥，"巨石毕竟是石，

没有意识，更没有团结协作的意识，结果无数的砾石都堆积在龙涎潭的上方，形成了西端第一道关隘。"

我觉得阿黑的话挺有意思。这两块相互拥挤的巨石，自然是毫无意识的，谁也不会让谁。但有意识的生物，也不一定都会礼让三分，比如螃蟹。捉螃蟹的渔人，把捉来的第一只螃蟹放进竹篓里时，总要用一只手去压住竹篓的盖子，另一只手再去捉第二只螃蟹。可当他把第二只螃蟹装进竹篓时，他干脆把竹篓的盖子打开，从容地去捉第三只、第四只、第 N 只螃蟹了。

因为，他太熟悉螃蟹了，竹篓里只有一只螃蟹时，它怒发冲冠、横行霸道，极易逃出竹篓；但如果竹篓里有两只以及两只以上的螃蟹，虽然它们也怒发冲冠，但它们相互横行、相互霸道，谁到了竹篓口，就有另一只把它拖下来，然后踩上同伴的身体，自己爬上去，到了竹篓口，同样遭遇同伴的算计，结果谁也爬不到竹篓口，谁也逃脱不了被吃掉的命运。

不过，我感谢这两块巨砾挤在了一起，阻挡了一大片砾卵奔向龙涎潭。否则，龙涎潭将被它们无

巨石过缝

情地填满，就没有了如碧玉一般的美景了；甚至会有大大小小的砾、砂、泥直冲聚龙堡，将填埋五龙瀑、五龙潭了，景色也就不可同日而语了。

不过，两块头顶头、肩并肩卡在关隘中的巨砾，只要持之以恒地等候时机，总有一天也能如愿以偿，重获自由，奔向前方。可是，能够解放它们的救世主到底是谁？

是巨砾自己吗？也许，巨砾相互挤压、挤碎它俩的接触面，使自己足够地瘦小下来，变成小砾、卵石、沙子、泥，就能够顺顺畅畅地通过关隘了。

是关隘的岩壁吗？也许，岩壁塌方，关门洞开，比关门小的砾石就能无遮无挡地通过了。

抑或是猛虎一般的洪水？洪水一旦汹涌而至，会把巨砾抬起，运到比较宽阔的地方通行？

这些自然界的事，虽然概率极小，但在漫长的演化过程中，谁又能肯定这些奇迹不会发生？

"还有一种可能。"阿黑拍拍脑袋，高兴地回忆道，"河的上游有一片檀树盆景，每棵檀树都长在一块岩石上，檀树的根扎进了石缝，岩石就从缝中裂成两块、三块，变小了，就有可能通过关隘。"

阿黑补充的有理。其实那是一种"根劈作用"。种子落入积土的岩缝后，一旦遇水便扎下树根、草根，根系一方面不断分泌出草酸一类的化学物质，与岩石产生化学反应，促进岩石的风化，另一方面不断发育，不断长粗，产生巨大的膨胀力，像楔子一样将岩石沿裂隙劈开。这样，被树或草"霸占"的岩石，终有一天会粉身碎骨。

其实，自然的存在，本有自然的道理。班固在《汉书》中说贾谊："乘流

石上春秋

则逝，得坎则止。"由此而来的成语"流行坎止"，其实就描述了砂砾在流水中的搬运规律。

当流水的流速足够大，可推动水中的砾或沙之

时，砾或沙当顺着流水或悬浮于流水中，与水一起浮动；或依附于河床，任由流水推着滑动或滚动；或者浮动、滑动、滚动交替着前进，这都凭水的能力。而当遇到低凹宽广之处时，流水分散，速度减慢，推不动砾或沙了，砾或沙就应时停止了运动。

据科学家研究，水流搬运砾、沙的能力主要取决于速度。水流搬动球状砾、沙的能力与水流流速的六次方成正比。就是说，水流的速度增加 1 倍，搬运的球状颗粒的重量就可增加 64 倍！因此，宁静的流水，会让人觉得它如绵羊一般柔弱无力，可一旦变成了快速流动的洪水，它立马就像下山的猛虎一般彪悍了！

但也有例外，就是这两块被关隘死死卡住的巨砾，它们不仅受制于自身的重量，还被关隘束缚着。若洪水要带走两块巨砾，首先就要带着其他略小的砾或沙冲向关隘，摧毁关隘，把那两块巨石解放出来，才能让它们"流行坎止"。

巨砾

砾石按平均粒径的大小，可分为巨砾、粗砾和细砾三种。其中平均粒径大于1分米的，称为巨砾；粒径在1厘米到1分米之间的，叫粗砾；粒径在2毫米到1厘米之间的，便叫细砾。

砾石一般是由暴露在地表的岩石经过风化作用形成的。有的砾石再经流水搬运和磨圆，呈现圆状，俗称鹅卵石。但也有砾石是带棱角的，称为角砾。

砾石常被用来铺路。据说，目前全球由砾石铺成的路的总长度，甚至超过了水泥路和沥青路的总和。

神仙浴池——壶穴

是口小腹大的壶？还是孔隙幽深的穴？似一条五彩的鲤鱼？一对饱满的葫芦？一串艳丽的桃花？流水再一次显露出惊

壶穴谷（一）

人的创造力！岩石被它柔中带刚的巧手任意拿捏、塑形……

壶穴谷（二）

"读《三国》，记得作者有'合久必分、分久必合'的感喟。在龙潭大峡谷，也有峡谷窄后必宽、宽后必窄的现象。"阿黑招呼在蒲草潭边欣赏草下的小鱼、小蝌蚪的我们："前面就要进入壶穴谷，是龙潭大峡谷的第二道关隘。其主体特征是谷平崖陡，谷底干干净净，基本不留沙砾，悬崖光滑而明明亮亮，是典型的嶂谷地貌。"

壶穴？壶，让人想起口小、腹大、底平，用于盛水、装酒的瓷器、铜器、锡器；穴，就是指窟窿或者孔隙，

让人想起蚁穴、虎穴、墓穴等特殊地方。若组合一起成"壶穴"一词，会是什么形态呢？

本想直奔主题去看天碑、地书，却未曾预料到，途中还能不期而遇如此多的奇景。此处名为"壶穴谷"，该不只一个壶穴吧，应该像珍珠项链一样，由许许多多壶穴相串。

我兴奋起来。战战兢兢地进入狭隘的青龙关，再左转右拐地进入了黑龙关，顿时觉得走进了幻境。只见蓝天悬挂，丹崖对峙，清流悠扬。那蓝天，时而状如井口，时而形同细线，时而，井与线串联起来，宛如一串飘上头顶的蓝宝石风筝。那丹崖，一面涂上了阳光，又红又亮，更显弯弯曲曲、起起伏伏，宛如矗立起来的波涛汹涌的海面。那清流，或涓涓平淌，或奔腾回旋，姿态万千，水声宛如一首张弛有度的交响曲。

幽暗的黑龙潭涟漪阵阵、欲言又止的水面，没有留住我们的脚步。登上几近直立的栈道，身后的瀑声渐息，一个多彩的小水潭吸引了我们的眼球。这水潭真是够精致，长仅2米，宽约1米，深度不

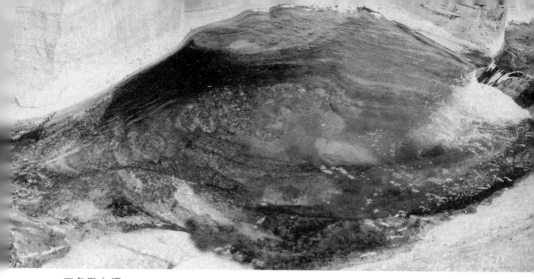

五色卧鱼潭

一，水入处最深，大概有1米，水出处最浅，约半米。形态奇特，如肥胖的锦鲤。锦鲤的头枕在上游，鱼鳃张合，流水激起阵阵洁白的水花；鱼尾支在下游，水流呈现一缕缕的素线；鱼腹靠在右岸，灰红色，有条纹闪动；鱼背靠在左岸，主色调呈红色，宛如舰艇挂满了红色的舰旗。

　　"这小水潭，我们导游称它为'五色卧鱼潭'，当地的老乡称它为'王母浴池'。"阿黑赶上来："大家都知道家里的浴池，多数是洁白色的瓷烧出来的。可这个浴池极为独特，世上仅此一个，不可仿制。"

　　孤品，自然为"寡人"所用。爱洁净者莫过于女人，最有权势者莫过王母，这个独一无二的池，自然归

王母享用。传说中的王母多在天庭，偶尔莅临人间体察疾苦。但人间如此之大，王母只会非常偶尔地来到大峡谷，更偶尔在烈日下香汗淋漓，才用得上此池。

当地有个传说，某位皇姑曾享用过该浴池。东汉末年，董卓专权，朝廷积弱，某位权臣想逼娶皇姑。皇姑不从，偷偷溜出皇宫，找到曾给她打首饰的小银匠，小银匠携皇姑逃出洛阳，上了黄河古道，本打算西去避难。到了千年檀树下，追兵快到之际，小银匠和皇姑偏离大道，隐入青河旁的密林，在半坡崖下的山洞里躲过了一批批的追兵。后来，他们干脆在山洞里隐居下来。山洞里没有水，皇姑不时顶着瓮，到谷里的潭边汲水，见潭连潭，潭边岸上还有盛开的野海棠，欣喜异常，就想洁净身体。但黑龙潭等大潭过深，投进去的石块，半天才有回响，可能会有淹溺之虞。皇姑见卧鱼潭可爱，大小、深浅适宜，便宽衣解带，投身潭里，清洗凝脂，高兴得也成了一条鱼。当然，此时小银匠要在高处拿着渔叉警觉地站岗。

听着阿黑转述的传说，我也只是嘿嘿一笑。但眼下的王母浴池中，只见砾、沙沉底，想必小银匠早已老去、皇姑也老去，已没有男人去清理，也没有女人去戏水，池已休置千年、百年啦。

卧鱼潭的上游，鱼不用以卧的姿态置身其中，就可以进入飞龙潭尽情地畅游了。飞龙潭直径25米，深度有10米，潭后面还有高15米的瀑布不断注入活水。阿黑说，扔一块石头进去，飞龙潭传不出多大的回响来，声音好像被鱼吃了一样。有潜水员下去探查，说飞龙潭虽然潭面小，但潭下很宽阔，如口小腹大的瓮，瓮底也盛着一层的沙、砾。扔石块入这样的瓮，碰撞也会发出声音，但声音不是被鱼吃了，而是在瓮里几经反射，强度被潭壁、水体降低了，自然就消声了。

"溯飞龙瀑而上，就到了阴阳潭。"阿黑说道，"当然不是到分割阳界、阴界的地方。两潭衔接一起，形如葫芦。处于下游的，面积较大，多有阳光照耀，水面波光潋滟，被叫做阳潭；上游的，面积较小，得到阳光照射较少，水面幽暗，被叫做阴潭。"

水深不见底。不知道葫芦里卖的什么药，就忽略了阴阳潭，直奔上游的桃花潭。路上，设想着这桃花潭是否与李白、汪伦有情缘关系，可到了桃花潭，见潭不深，便觉出了自己的望文生义啦。桃花有三瓣——三个近圆形的水潭相连，清澈见底，潭底紫红，艳若桃花。这一串的桃花潭，与卧鱼潭有异曲同工之妙，虽不能成为王母浴池，但有资格成为王妃的浴池。可惜的是潭里沙砾杂沉，显然也日久未用了。

无论人在不在，水皆长流，且流出了千姿百态。或在直直的、较浅的槽里欢歌，或在圆圆的、较深的潭里起舞。一潭一槽，一槽一潭，有序地间隔着，就像刚才一路而过的深的黑龙潭、浅的卧鱼潭，深的飞龙潭、阴阳潭，浅的成串的桃花潭。

"这些潭，都是壶穴。这是地貌学上的一个学术名词，指河床上光滑的凹坑，俗称就叫'石面桶'。"阿黑又把鞋脱了，把脚泡在桃花潭里："阿钊博士，谁给王母娘娘、皇姑建造的浴池？"

是流水和流水中流行坎止的砂砾呀！当然还有坚持不懈的时间。古人训示："铁杵磨成针"。又说："滴水穿石"。道理一样：流水携带的砂或砾，不断地与河床碰撞、摩擦，巨大的砾渐成细小的砂，细小的砂渐成微细的泥，同时河床的岩石不断被撞碎，新出的砾或砂再去碰撞、摩擦河床，如愚公一样持之以恒，便产生了奇迹：涓涓的平流如锉，在河床磨出了平直的沟槽；旋转的涡流如钻，在河床磨出了四壁光滑的瓮潭。这瓮潭就是壶穴。

　　红色的壶穴谷，每一个地方，如琢如磨，真像一串用红宝石琢磨出来的首饰，装饰着这条大峡谷。

流水的姿态

壶穴

由于对壶穴的成因没有统一的认识，目前，地质学界对壶穴还没有统一的定义。本书权且认为："壶穴"一词描述了一种地质现象的几何形态，即岩石上口小、肚腹大、底面平的凹坑，且平行于岩石表面的切面，呈圆形或椭圆形。

壶穴发育较广泛，在全国各省市区都有发现。壶穴不仅分布在河谷中，如福建宁德世界地质公园的壶穴；也会发育在山脊上，如山东泰山上的壶穴、内蒙古青山上的壶穴。

对壶穴成因的争论不断，主要有这样几种假说：水流成因、冰川成因、风蚀成因、风化成因等。

壶穴之所以引人关注，可能主要在于它代表着形成它的自然环境。通过对壶穴的研究，可恢复自然环境的演化过程。

高悬的巨型神龛

你见过足有2人高、底宽约6米，足够摆下几张贡桌的神龛吗？你相信这样巨大的神龛竟是在陡峭崖壁上由流水打造出来的吗？

悬挂在半壁上的石龛

指着悬崖半壁上的一个石洞，阿黑说："这石洞被大家叫做神龛。就像村里那些木制的小阁子，供奉着神像或祖宗的灵牌。"

在荒郊野外，这半壁上的石龛令人诧异与不解，谁构筑的？神龛里除了海棠花，就空空如也，没有神像，没有灵牌，为何？有人说，以前曾有神像，是五百罗汉，但今天却一位也没留在神龛里。"

神龛，也叫神椟，我是略有所知的。供奉土地公的神龛，一般题有对联："土中生白玉，地内出黄金"、"土出无价宝，地生有道财"或者"土能生万物，地可发千祥"等等，不一而足，均歌颂土地之能、之德。供奉祖宗的神龛，对联的内容则因家族而异，但多数也是颂祖宗之德："祖德流芳思木本，宗功浩大想水源"或者"祖德永扶家业盛，宗功常佑子孙贤"，又或者"聪听祖考之遗训，思贻父母以令名"等等，难以穷尽，主旨多是表达继承先人美德，祈祷先人福荫后人之意。

神龛的起源，有多种说法。我所记得的其中之一，是十分令人动容的故事：说古时广东潮汕一带的桑浦山上，生活着相依为命的一母一子，但儿子年少，正是不明事理、易冲动的光景，动辄打骂母亲，尽呈不孝之状。有一日，小子上山砍柴，看见小树上的一个鸟窝，母鸟正在衔虫、含水喂养小鸟们。母鸟往往返返，忙个不停。在一次快飞近鸟窝时，那小子见鸟妈妈吃力地扇动翅膀，十分费劲，最后那鸟妈妈的翅膀怎么也扇不动了，一头栽倒在鸟窝下的乱石中。众小鸟咻咻待哺，十分可怜，稍大一点的小鸟懂事，见鸟妈妈不能再飞起，更是咻咻个不停。

这小子注视着这一幕，眼含热泪，寻思自己平日里对母亲的诸多不孝，深感愧疚，萌生了后悔之意。小子抬起泪眼，忽见自己的母亲自山下款步而来，应当是为自己送饭的，就急奔下山迎接。却不料，母亲还不知儿子有了新知，仍然以为儿子嫌她送饭来迟，还会像以往那样殴打自己，就慌忙把饭团放在一块干净的石头上，抽身往回走。慌忙中，母亲被脚下的石头所绊，失去了平衡，头部正好撞上了树干，即时流血不止，不久便亡。儿子抱着渐渐冰冷的母尸，大哭不止。痛定思痛之后，砍下了这棵

树，制成一个木椟，刻上母亲的姓名、生辰、死日，逢时便来祭拜，泪水涟涟，反省自己的过错。后来，这小子勤耕力作，家境渐富、子孙渐繁，成了当地的大户人家。乡人见状，便仿效着制作木椟，以祭祀祖先、祈求未来，渐成风气，还扩散开来，成为各地厚重的民俗。

镶在这红彤彤的半壁上的石龛，十分醒目。站在它面前，我心生一种莫名的敬意。这龛，没有对联，也没有贴过对联的痕迹，是无主的，还是废弃多年的？

我壮了壮胆，爬进了石龛。只见龛的内壁十分光滑，亦曾被精细地琢磨过。龛的形态如瓮的一半：足有 2 人高，上窄（口小）、下宽（腹大）、底平，底宽约 6 米，足够摆得下几张贡桌。

龛底的右侧，长出一些精灵一般的植物，叶脉清晰，呈紫红色，仅有花蕾，还未盛开。我想这种植物多半是娇弱的海棠。虽然娇弱、却为许多少女喜欢、亦被皇姑爱怜、更得王母垂青的海棠。她们几经修炼，能把娇弱的根扎进不多的土里、坚硬的

阴阳潭的内壁

石缝里，且都会应时开出娇艳的花来。我有些恍惚，觉得这些海棠还有喜欢海棠的女人们，就好似神像。

恍惚之中，我还看见了石龛底部的一些砾石和沙子，没有了棱角，与石龛的内壁一样的光滑，我也觉得它们同样是神像，虽然没有传神的眼睛。

退到石龛的尽里头，我盘起双腿，打坐下来，闭上了眼睛，只听见川流而逝的水声，以及石与石在水中相互碰撞的声音，然后是阿黑喊呼我离开石龛的叫声。

阿黑站在下方，准备扶我走下石龛。不料，我脚一滑，二人都站不稳，顺势掉进了水里。还好，水不深，有惊无险。

坐在岸边光滑的红石头上，我们脱下了湿鞋。我对阿黑说，这半壁上的石龛，其实与阴阳潭边凹进去的洞子形态一样，都是壶穴的一部分。只是石龛已脱离了水面，悬空了。而阴阳潭边的洞子，还浸在水中。两者的差异在于新老：石龛是这些壶穴的先辈，阴阳潭、桃花潭、卧鱼潭等都是正在成长的在世的壶穴。远古已形成的含石龛部分的壶穴中，因水流方向改变，涡流渐为直流取代，直流在壶穴中间部位冲蚀下的沟槽一年年加深，河道或谷底下切，原来的壶穴离开水面，相对上升，悬挂于半壁，则可能形成新的石龛。

壶穴以及老去的石龛，规模一般都不大。限制壶穴规模的原因，不是流水以及流水中的砂砾等工作不够努力，而是形成壶穴、石龛的材质。

我们在此见过的壶穴、石龛，都是在紫红色的石英砂岩层中磨制成的，原因是这种石英砂岩较脆、较硬。因其脆与硬，砂砾与石英砂岩碰撞，是硬对硬的对决，发生的是硬对硬的弹性碰撞，所有的动能都用于使对方粉身碎骨，结果发脆的石英砂岩中的矿物被一粒粒碰掉，掏空后形成壶穴。同时，因为石英砂岩层很坚硬，足以支撑上面沉重的岩层不塌下来，所以不会毁坏已形成的壶穴。

河流的侧蚀，不一定能够形成壶穴。比如，快速流动的砾石或沙子打到泥岩层，泥岩会掉下一大块。但不用等到这些砾石或沙子再次向泥岩层发起冲击，软弱的泥岩层本身会在重力作用下掉块，快速地掏

空整个泥岩层，而不形成壶状的穴，结果是让上覆的坚硬的石英砂岩层悬了空，变得不稳定起来。

"石龛是祖宗，壶穴是子孙？"阿黑把脚丫擦干，再穿上半湿的鞋子："都是在地壳上升过程中，河流在坚硬的岩石中侵蚀形成的。石龛与壶穴都是大自然的杰作！"

我十分赞同阿黑得出的结论。可阿黑的下句话，却让我目瞪口呆起来："人迁居此地后，石龛成了神龛。但神龛内没有神像，原因是神像都逃走了，坐化在更高的可见到太阳的悬崖上了！"阿黑转述当地人的传说。"如果您不信，几个景点后我们会看到佛光罗汉崖！"

被河流侧向侵蚀的泥岩层

下切

即河流的下切侵蚀作用，是河床、沟谷受流水作用而向纵深方向发展的侵蚀过程，结果是加深河床。

下切侵蚀的强度受很多因素影响。例如，如果谷底窄、坡陡、水流量大，谷底的岩层又比较松软，下切侵蚀的强度就大。

还受地质构造作用的控制。当地壳抬升时，下切侵蚀的作用就会增强，当地壳下降时，下切侵蚀作用的强度就会减弱。

另外，河流上游由于流水速度较大，下切作用也较强。河谷加深的速度大于拓宽河道的速度，便在横断面上呈现"V"字形的河谷，即"V形谷"。河流的源头部分，大都因落差而存在跌水现象，所以下切侵蚀作用最强。

河流的侵蚀作用，按作用的方向来分，除了下切侵蚀，还有侧蚀和溯源侵蚀。侧蚀作用主要发生在河床弯曲处，结果是加宽河床，使河道更弯曲，形成曲流。溯源侵蚀则使河流向源头部分延伸。因此，河流的上游以下切和溯源侵蚀为主，中下游以侧蚀作用为主。

石头上的日月星辰

石头上竟自然刻画着日月星辰等宇宙景象，岩层表面天然浮现出"太阳"……大地和宇宙相呼应的奇景，是天外来客留下的信号？还是人们丰富的联想？

"过来欣赏一块奇石。"阿黑用手轻轻地摸了摸："这方奇石，取名'日月星辰石'或'宇宙石'，紫红色的质底呈出的白色图案，可辨别的有太阳、地球、月亮、星星，甚至还有银河系。仅是不大的一方奇石，为何群星璀璨并如此集中？这也成了龙潭大峡谷内一个待解之谜。"

我没有觉得阿黑在大惊小怪，只是感觉他夸大其词了。细看奇石，那上方边缘白色的月牙形图案，

宇宙石

虽然在流水中被打磨光了，但仍然看得出它本身是圆的，只是残缺了而已，以"月有阴晴圆缺"来形容，牵强了些。还有，几个图形是圆的，或大或小，分别被认为是太阳、地球，只是想象；而那白色的条带，说是银河，当然更是充满童真的比喻。

　　但我理解酷爱奇石的阿黑以及许多石友。在黄河的河滩以及各大小支流的沟壑中，总有三三两两的人，他们低着头，踟蹰而行，时而蹲下，急急地搬开一些卵石，细细地打量其中的一方，凭着其外表的图案，想象着是这动物、那花朵、这山川、那天象的化身。这只是投身前线的石友。后方的石友更成团军。许多人成为黄河石的藏友，书房中若能卧一方能说话的黄河石，便足以慰抚浮躁的心灵。因此城市的公园，多择最美丽、最壮观的黄河石供游人欣赏；城市的闹市，多有奇石店营业。

　　黄河发源于青海，中上游流经四川、甘肃、宁夏、内蒙、山西、陕西，进入河南，然后从小浪底出山区、入平原，由山东入海，全长5000多千米。流域之中，滋养了近80万平方千米的山山水水，滋长的奇石也不一而足。石友流行把黄河石分成青海黄河源石、兰州黄河石、宁夏黄河石、内蒙黄河石和洛阳黄河石。刚才见到的那方"宇宙石"，当属洛阳黄河石。

　　洛阳黄河石是黄河石中最精彩的部分。奇石的母岩，就是12亿年前的紫红色石英砂岩，暖色多变，从红到紫，艳若晚霞。晚霞出现于何时？落日时分。"落日"就是"落阳"。"落阳"的谐音就是"洛阳"。更准确的是，奇石中常出现"太阳"，那炽热得发白的太阳图案。"白日依山尽，黄河入海流。"这诗句精确地描述了许多洛阳黄河石的意象。

洛阳黄河石形神兼备，极尽壮美。若在美中求真，那是许多石友都想探究的问题：紫红色的石英砂岩中为何会出现灰白色的圆形、条带状图案？这些图案是如何形成的？

许多石友都试图去寻找自己的解答，回答有两种倾向，一种认为是"火山气孔"的充填物，另一种认为是"沉积结核"。从地质专业的角度看，洛阳黄河石的石质为沉积岩，火山气孔只存在于火山岩之中。第一种说法明显属于张冠李戴。"沉积结核"的说法，倒是一个可进一步加以验证的假说。如果是结核，其结核体与非结核体在物质组成与结构构造上一定不一样；如果两者基本一样，"沉积结核"的说法就立不住脚了。

凭着"宇宙石"上的图形，我们再寻找它的来源。

"宇宙石"只是一块被洪水冲下来、受到青河水琢磨的卵石罢了。我们想找到的是石英砂岩层中发育"太阳"的基岩。真够幸运，没有花太多的时间，我们就在'宇宙石'出现的上游不远处，找到发育有4个"太阳"的露头。细细地观察，不难发现，"太阳"内外，沉积岩的纹理贯通，不因圆圈而止步不前，其结构、构造相似；再看看矿物，"太阳"内外的岩石，都以石英为主，次为长石，成分相似。这就说明，"太阳"不是12亿年前沉积时形成的结核。

那么这"太阳"又是如何形成的呢？

这不禁让人想起上品端砚的"眼"，也像这里

发育"太阳"的基岩

石英砂岩中的"太阳"一样。端砚中的"眼",多镶于天青色或青紫色的砚石上,呈微浅白色、黄色、翠绿色、青绿色等。"眼"的结构,也像它的色彩一样丰富多变:先分为无眼珠的死眼、有眼珠的活眼;活眼又以形态与色彩的组合分出鸲鹆眼、鹦哥眼、凤眼、雀眼、鸡公眼、猫眼、象眼、绿豆眼、猪鬃眼等。一方端砚,有眼点睛,价值陡增百倍。与此相似,"太阳"升起的洛阳黄河石,也就成了珍品,为收藏家们所青睐。

因为珍稀,激发了人们求真的热情。有人研究,端砚中的"眼",也非"沉积结核",而极可能是铁等元素扩散而形成的"晕圈"。受此启发,北京大学的教授王时麒、来红州、杨东等人,对"太阳"以及"太阳"之外的岩石分别进行了化学分析,发现"太阳"图形内部,总的铁含量远少于外部,二价铁(Fe^{2+})含量在"太阳"内部大于外部,说明不同价态的铁元素的迁移,是形成"太阳"的关键:即"太阳"内部保持着相对独立的"还原环境",使三价铁(Fe^{3+})含量减少、二价铁(Fe^{2+})含量增加,

导致"太阳"失色，原来氧化环境下的大紫大红逐渐为后来还原环境下的淡黄、淡灰所取代。

但"太阳"的形成，不会无中生有。是什么点燃了"太阳"的火焰，导致太阳的诞生？

正如哲人所言："蓬生麻中，不扶而直；白沙在涅，与之俱黑。"共生之物间存在着巨大影响。设想，紫红色的石英砂岩沉积时，有石英、长石等矿物颗粒，也有岩屑、泥屑等岩石颗粒。一同沉积的泥屑，含较多的粘土矿物，并吸附了一定量的有机质，其化学性质与石英、长石等颗粒不同，在岩层被埋藏、压实的过程中，温度升高，有机质分解，在泥屑周围形成相对的还原环境，使铁元素变价，导致"褪色"，就会形成晕圈。

不过，"褪色作用"形成晕圈的解释，也只是一种假设，它较适合于说明"太阳"的形成，但对于长条带的形成，又将如何解释呢？答案还不完善。但我相信，石中自有乾坤。人要求真，懂得石中的乾坤，尚需努力。

火山气孔

火山喷发时，温度高达一千度以上的火山岩浆，喷射到空气中后，冷却、凝固而形成火山岩。但由于各个部分冷却的速度不同，使得岩浆内部形成许多气泡，使火山岩上形成大大小小的孔隙。这些火山气孔减轻了火山岩的密度，使得它们可以浮在水面。我们生活中，用于澡堂或家庭自用的搓脚石，就来自这类充满火山气孔的火山岩。

沉积结核

沉积结核是沉积岩中存在的异体包裹物，多是矿物集合体，有球状、椭球状、柱状和姜状等多种形状，其成分、结构、颜色等与周围的沉积岩都有明显区别。

按照结核形成的原因，可分为原生结核与后生结核。原生结核是在沉积岩形成的同时形成的结核；后生结核是在沉积岩形成后，充填或渗入岩石的裂缝、层理面而形成的。

结核的大小悬殊很大，有的小于1厘米，有的却有数十厘米。有趣的是一种极小的、形同鱼子的原生结核，古人称鱼子为"鮞"，所以这种结核就被形象地叫做鮞状体，含有鮞状体的石灰岩也被称为"鱼卵石"。

原生结核中有很多珍贵的矿藏。例如砂岩中的铁结核，深海海底的锰结核等。特别是锰结核，别看它黑不溜秋，形同豌豆、土豆，切开看，就像洋葱般层层包裹，却含有30多种珍贵的金属元素。其中的金属锰制成的锰钢非常坚硬，能用来制造坦克、钢轨，金属钴能制造特种钢，金属镍可制造不锈钢，金属钛更有"空间金属"的美称，广泛应用于航空航天工业。有的锰结核中二氧化锰含量竟高达98%，可以直接生产成蓄电池了。

二战前，锰结核并没有得到人们的重视。有一次，美国海洋学会在修理水下电缆的过程中，发现了一个足有 136 公斤重的巨大锰结核，却嫌太重，只为它绘了张图，就丢弃了。一个极其难得的锰结核标本就这样与世人失之交臂了。随着二战后锰钢需求激增，各国争相用最先进的采矿船只与设备采集锰结核。好在锰结核的增长速度很快，每年以 1000 万吨的速度不断堆积。可以说，锰结核将成为人类取之不尽的″自生矿物″。

"水往高处流"

俗话说"人往高处走，水往低处流"，这话在龙潭大峡谷，却不一定准确了，这里的水，看上去偏往高处流，难道水真的能脱离地球的引力吗？

　　"找块石头坐下。"阿黑自己先坐在了一块光滑的砾石上："阿钊博士，您还记得五大连池的怪坡

吗？放一个玻璃瓶子在地上，瓶子自己就咕噜噜地往上滚的那个怪坡？

水往低处流

这段峡谷的水流也有异曲同工之妙。当地人称之'水往高处流'。您看！"

我的生活经验之中，只有"水往低处流"。以前物理课本上所学习的"水往高处流"，那是自然界中的特例，如水柱压力差造成的"虹吸现象"，再如水沿着有孔隙的材料而上升的"毛细现象"。河里的水往高处流，还是第一次听说呢。

这段长50多米的峡谷，宽约10米，北岸是石英砂岩层，岩层厚度不一，每层的层理十分清晰；流水漫过河床的砾石，流动的花纹映出天空的明亮。细细向河岸看去，水竟从下面的岩层向上面的岩层流去，好像在一个台阶一个台阶地往上走！真是水往高处流！

水真是往高处流吗？当然，这是基于肉眼看到岸边岩层为"水平"状态的结果。但岩层果真水平吗？我拿出包里的罗盘，脱去还没有干透的鞋，蹚水来到对面的河岸，去验证肉眼看到的"水平"岩层。

先拾起一颗小球状的圆滑石子，轻轻地放在岩层层面上，结果小石子没有滚动，岩层似乎"很平"，

好象没有斜坡似的。但我想，岩石与岩石之间还有静摩擦力，微小的静摩擦力可能阻止了小石子的滚动。

与石之间摩擦力更小的是水。我从河边掬起水，倒在层面上，呵，小石子仍然倔强地不滚动，但水流动，并都往一个方向流动，与河里的水流方向相同。原来，这岩层层面在水看来还真是"不很平"！

我打开罗盘，让罗盘测一下到底是怎样程度的"不很平"。将罗盘的一侧紧贴岩层上的水流方向，然后调节罗盘内的长水泡，让水泡居中，然后读出罗盘上所示的倾角，显示是8度，证实肉眼所感觉的"水平"岩层真"不水平"，并向河的下游方向倾斜。看来，眼见也未必为实。

我退了回来，再择一块圆滑的砾石坐下，以晾干我的脚板。此时，我在想水如果真能往高处流，那该多好呀。河岸上有田、有林，自动往上流的水就能浇灌我们的田园。我国东部有海、南海、东海、黄海，海边的平原、丘陵因水而温湿，但在我国西部却是高原与沙漠，内蒙高原、黄土高原、青藏高原，

水往高处流

还有浑达克沙漠、毛乌素沙漠、塔克拉玛干沙漠，因缺水而形成荒漠。如果海水能够往高处流，源源不断地流到西部的沙漠里去，那沙漠也会成绿洲！

"水往高处流"，自古就是神话，直到今天，人类还为之"神魂颠倒"。2010 年在中国隆重召开的上海世界博览会，人们或许还记忆犹新，《国际信息发展网馆》展出了一台"水往高处流势能机"，高 2 米、宽 1 米，正面装有上、中、下三层抽屉式平台。往中间的平台倒进去一盆水，水却没有流向下层平台，而是有一半流向了上层平台。发明这台机器的中国小康势能动力研究所所长李兆龙先生说："我只是通过一个很巧妙的方式，提取部分重力势能，再将势能有效地变成动力，作用于部分水而改变其运行态势，实现水往高处走这一常规思维难以认可的奇迹。"

不用借助任何外力，单靠力学基本理论和方法，这台机器就能使水实现逆流！大家惊奇、感叹，同时也存怀疑。国家知识产权局在 2008 年 3 月 24 日接受了李兆龙对"水往高处流动力机"的专利申请，但直到作者写这段文字的 2013 年 1 月 12 日，还没有看到这类机器实际应用的报道。

我非常希望"水往高处流动力机"能够运转开来，那世界就会更美好，成为神话的世界。

在没有成为神话世界之前，我们还是回归到"水往高处流"这个景点上吧。我们的视觉，是应该有参考系的。关于高与低的参考系，那就是"水平面"。最权威的参考系是海洋的"水平面"，因为海洋是流水朝宗的"最终"，最具代表性，最值得依赖。可在远离山区的峡谷里，只有一线的天地，只有一串的流水，离海洋远了，那么一潭、一湖的水面应当成为最值得依赖的"水平面"。可是，我们不看静静的流水面，而去看岩层的层面，自然被岩层貌似水平的层面所欺骗啦。

有句话说"离经则叛道，守经则达权"，"经"可认为是感知"高低"的参考系，就像这里讨论的"水平面"。离开了真正的参考系，我们虽然有认知，但已误入歧途。只有坚持正道、原则、原理，才能实现举一返三，达到对物权宜、对事变通，不固执己见的境界。

小知识

虹吸现象

弧形管道两端的压强差，可以推动容器内的水顺着管道形成水柱、上升到高处，将容器内的水抽出。弧形管道因形如跨卧两地的彩虹，得名"虹吸管"。水克服地球引力而向高处上升的这种现象，就叫虹吸现象。

利用虹吸原理，我国古人很早就懂得制造"虹吸管"，并称它为"注子"、"渴乌"、"过山龙"等，应用广泛。最早用于农田灌溉，如东汉末年的"渴乌"。又如将长竹筒制作为虹吸管，把被崇山峻岭阻隔的泉水引到山下。更了不起的是，由此原理制作的唧筒，可引水灭火，成为了战争中守城必备的灭火器。

毛细现象

毛巾吸水、粉笔吸墨水，地下水沿土壤上升到地面而蒸发，植物茎内的导管把土壤中的水分吸上来，供给植物生长。生活中的这些例子，都是一种毛细现象。

　　毛细现象又称毛细管作用。把细玻璃管插入盛着水的容器中，可以看到管内的水面上升，高出容器里的水面，且管子越细，管内水位越高。但把这些管子插入水银中，却正好相反，管内的水银面比容器里的水银面低。

　　这是由液体表面对固体表面的吸引力而造成的。水是一种能附着在玻璃上的浸润液体，它在毛细管中的液面是凹形的，能对下面的水施加拉力，使得水体沿着管壁上升。而水银对玻璃是不附着的，在管内形成凸起的液面，对下部施加压力，使水银体下降。

参考系

　　研究物体的运动时，选来作参考的另外的物体，叫做参考系。参考系应有 4 个性质：

标准性：用来做参考系的物体都是假定不动的，被研究的物体是运动还是静止，都是相对于参考系而言的。

任意性：参考系的选取具有任意性，但应以观察方便和对运动的描述尽可能简单为原则。

统一性：比较不同的运动时，应该选择同一参考系。例如，研究向上或向下运动，当选择水平面作参考系。

差异性：同一运动选择不同的参考系，观察结果一般不同。例如，坐在行驶的车中的乘客，以地面为参考系，乘客是运动的，但如果以车为参考系，则乘客是静止的。

罗汉崖谁雕神奇？

　　佛祖、观音、罗汉，这些平时多出现在寺庙里的雕像，竟集体跑到了壁立千仞的天然岩壁上！究竟谁有本事能攀上那样的高处呢？何况还要雕刻数以万计的罗汉像，谁能做到呢？

佛光罗汉崖

"'日月星辰石'，已让人惊奇；'水往高处流'，也让人感觉美妙。更让人感觉神奇的是我们眼前难得一见的景观——'佛光罗汉崖'！"阿黑立于水边，望着对岸的崖上："刚才见到的神龛，空荡荡的没有神像，传说神像都跑到这里来了！"

岩层还是那种紫红色的石英砂岩层，但悬崖却不是一刀劈下、表面光滑的岩壁，而是有凹有凸、有坎有坷的了。凝神看去，只见人物显现，神态铺陈：或大腹便便，或瘦骨嶙峋，或眉飞色舞笑容可掬，或举手投足随意自在，有的睁目、有的闭眼、有的站、有的蹲、有的坐、有的卧……罗汉百般、神态百般，栩栩如生！

"这就是传说中从神龛迁居崖上的罗汉。"阿黑指着第一层的罗汉们："佛教中的'五百'，就象古人所说的'三'、'六'、'九'一样，并非确切的数目，而是泛指'多'。四层的罗汉，总共有多少尊？目前还没有人能数清楚，有人数到了一千就数不下去了。"

以往见过的罗汉像，多居于寺院内大雄宝殿的罗汉堂中。罗汉堂中入列罗汉的多少，一般由寺院规模而定，多十六尊或者十八尊，个别名寺才有五百罗汉。每位罗汉，都有血缘，都有历史，都有故事。比如十八罗汉中，那位裸着身、掏着耳的第十一弟子，称"罗睺罗尊者"，就是释迦牟尼的亲生儿子；那位一条腿蹲着、一条腿立着的第十弟子，称"半托迦尊者"，是位私生子。又如五百罗汉，也尊尊有号，如"有贤无垢尊者"、"庄严无忧尊者"、"观身无常尊者"等等，他们不重复，不可相互代替，显示出个体的重要与尊严。

罗汉的由来，有多种说法。"放下屠刀，立地成佛。"在佛的世界中，不管是人还是动物，脱了胎、换了骨，都能修成正果，成为罗汉。这些成罗汉的说法中，古印度的"雁说"和古中国的"蝙蝠说"流传最广。

雁成罗汉，也有不同的版本。《贤愚经》载，佛在波罗捺国云游，广为四方大众弘法，某日五百只大雁南归，翱翔天空，听到佛在村头树下说法，便异常欢喜，低空盘旋在道场之上，一日、二日之后，见一同听法的众人并无加害之心，就翩翩落地，同众人围绕佛主听法。某天，当佛主离开之时，一位猎人张网捕住了这五百只听过法、爱着法的大雁，并将大雁全部杀死。被杀死的大雁，因闻法功德而转生天界，从此远离这个人类的世界三十万里，成为罗汉。

另一版本载于《报恩经》：古代有一国王管不

住嘴巴，想吃雁肉，就命令猎人去张网捕雁。五百只大雁已飞过千山万水，在天空排着"人"字的阵容，以歌颂与人相安无事、和谐共处的春秋。因此它们不明就里，纷纷陷入国王的猎人所张开的天罗地网。网中的大雁苦苦挣扎，伤痕累累，原本明亮的羽毛被鲜血染红，十分血腥。猎人见状，替国王悔过，

罗汉崖上的罗汉像（局部）

就割断罗网，让雁群重返天空。国王听说，感谢了猎人，从此不再食雁。而那群雁的雁头，就是佛主，其余的即为五百罗汉。

蝙蝠成罗汉，载于《大唐西域记》：五百蝙蝠，居于一棵枯树的空树干内。某日，一队旅人路过树旁，适到天黑，就在此安营扎寨。他们点火做饭、取暖，不小心火烧到了枯树。此时正巧有一位旅人正在诵读佛经。蝙蝠虽然嗅到烟味，但因为喜爱佛经之音，就忍受着烟熏火燎，坚持谛听佛音，最后被火围住并被吞没，成为缕缕青烟。不料，各缕青烟飘扬、凝集，最后成了人形，变成了五百罗汉。

"崖上的五百罗汉，传说也是天上的大雁，某年的深秋从北大荒回来，听见龙潭大峡谷琮琮的流水声，如佛乐一般，以为是佛的喃喃细语，就从天空降落，分成几排，听得入迷，不知不觉，冬天过去，春天过去，夏天也过去了，这群忘记重新北去的大雁，就化成了悬崖上的罗汉。"阿黑煞有介事地指出罗汉崖正对面的一块岩石："你看，这块凸起的岩石，就像佛祖，庄严地坐着。端坐的佛祖，嘴巴未见，但他心动，他让脚下的流水讲佛经。您看，现在还在的流水，如弦丝，音圆声润，音质纯净，安祥而美妙，就是让大雁忘记飞翔的佛乐。"

我虽然相信传经讲道（或者授业解惑、或者

被切断方块石柱的石英砂岩层

直接提升为教育）的重要作用，但我并不相信眼前罗汉崖上的"罗汉们"是由大雁直接变来的。但又是谁在此雕刻出这样栩栩如生的"罗汉"？

我细细观察，发现罗汉崖上的 "罗汉"所居的4层岩层，都是石英砂岩，"罗汉"不占据的岩层，都是石英粉砂岩。

这里的石英砂岩层，除了石英含量较高，导致

其岩层更坚硬之外，与别处的石英砂岩层没有什么区别。而正是由于此处石英砂岩层比较坚硬，承受更多外力之时，铁骨铮铮，不易屈服，但受力超过一定的极限，就被折断或压断，形成垂直岩层的节理，导致整个砂岩层被切割成一个个的石柱。而粉砂岩层比较软弱，具有韧性，在外力作用下，一开始就随外力而变形，处于渐变中，不会有突然的折断，整个粉砂岩层连续而完整。因此出现了"罗汉"分层而居的现象。

石英砂岩层中方块状的石柱，节理面发育，裂缝纵横。风吹过，缝中的沙子被吹落。水流所带来的砾石易于碰掉石柱的棱棱角角。经年、经世，如琢、如磨，万年、数十万年后，方块石柱成了浑圆的石柱，组合起来，多姿多态，提供了能够让人想象的形象。

大自然鬼斧神工所雕刻出的罗汉像，真是不可多得的艺术品。

石英粉砂岩

以石英成分为主的粉砂碎屑组成的沉积岩,其中50%以上的碎屑粒径仅在0.0625毫米至0.0039毫米之间,其他部分为砂、粘土或化学沉淀物。

粉砂岩多形成于河漫滩、三角洲、潟湖和海洋较深水位处,是经过流水的长距离搬运,在水动力条件较弱、沉积速度缓慢的环境下形成的。

粉砂岩遇到高压或高温,会蜕变成如片岩、片麻岩等不同品种的岩石,它们是有条纹的结晶矿物,很好辨认。粉砂岩一旦蜕变便不可逆转。

生活中,粉砂岩主要用于建筑行业,可以用来制作瓷砖或雕刻工艺品。粉砂岩的石粉也可以用来保护地雷或其他容易爆炸的区域。

竹节岩是竹化石?

竹子竟也有化石? 如果没有, 龙潭峡的岩壁, 为何呈现出巨大肥壮的竹节? 可是, 这里的岩层是在 12 亿年前形成的, 那时怎么会有竹子? 巨石与竹子, 究竟有什么关系?

"无独有偶, 龙潭大峡谷不仅有神奇的罗汉崖, 还有石化的罗汉竹! "阿黑离开栈道, 走到流水冲击着的青河边: "阿钊博士, 这个景点人称'竹节岩', 说是罗汉竹的化石! "

阿黑一脸的兴奋, 可能觉得似乎已成化石的罗汉竹是罗汉们特意留下的。我却觉得莫名其妙。这里若出现竹化石, 别说是罗汉竹的化石, 简直就已是天方夜谭再现了!

竹节岩（一）

　　从低矮似草到高大如树的竹，也称竹子，再学术点称之为竹类植物。自地球上第四次大冰期结束之后，全球温暖起来之时，各大洲都出现了土生土长的本土竹种，累计达 1225 种之多，归于 150 属，为禾本科多年生常绿植物。竹子们是地球上最美丽、最风情的物种之一。古代的诗人说："宁可食无肉，不可居无竹。"窗前竹弄影，碗里笋溢香，竹子成为我们朝暮相伴的生物。

　　然而，竹子从何处而来，何时而来，祖先是谁，

竹节岩（二）

人类并不清楚。因为，我们所发现的竹化石极为稀少。如果这里的竹节岩真是罗汉竹的化石，岂不是骇世的大发现！

　　据报道，世界上首次发现竹化石的时间是 2003 年

6月，地点是我国云南省保山市龙陵县。工程人员在修建勐河水电站时，在地下2米深的地层中发现了类似竹根、竹秆、竹节、竹叶形态的岩石。西南林业大学、云南师范大学的生物学教授获知此消息，就赶着去考察。只见化石层的分布范围大约同篮球场大小，长20米、宽10米，但化石层很厚，大约3、4米。化石保存很完整，甚至竹叶的脉络形态依然清晰可见。只是化石层的埋深浅，岩土固结得不好。考察的专家估计，这批竹化石大概形成于史前20万年至40万年间，可惜在地质历史中过于年轻。

另一处竹化石的发现，也引起国内学者的关注。2011年底，文物工作者在内蒙古自治区包头市石拐区的岩层中发现了竹管以及竹叶的脉络，认为是竹化石无疑。青竹丹枫，说的是我国南北生物物种的差异。我国的竹子一般生长在南方，但这次竹化石的发现地却在长城之外寒冷而蛮荒的北方，更添了一层研究环境变迁的科学意义。

国内迄今为止还没有发现竹化石的第三例！难怪阿黑想象着发现了竹化石，是那样兴奋。

"竹与木，可是当今最能成林的植物。"阿黑从记忆中翻起了一页："在龙潭大峡谷的外围，黄河小浪底景区内发现了木化石。这片土地，既有木化石，可能就会有竹化石？"

确切地说，龙潭大峡谷周边是发现了大量的木化石。黄河小浪底景区内的木化石，呈圆墩状，高约2.5米，直径约1米，呈黑红色，出土地点在孟津县黄鹿山乡津西村白龙庙旁。除此之外，还有许多木化石的出土地。例如，在义马市的北郊千秋乡至仁付乡之间，就发现了十余处木化石的出露点。但以木化石的出现来推断可能会有竹化石的存在，却缺乏科学依据。

木化石，也称为硅化木。全国硅化木的发现地不下百处，其中的几处还建立了国家地质公园，如北京延庆、浙江新昌、新疆奇台、四川射洪等，均有大量的硅化木出现。但这些硅化木的出产地，均未见竹化石。

古生物学家说，我国木化石的年龄，个别老的已有3亿年（石炭纪），多数的年龄在1、2亿年左石（三叠纪、侏罗纪、白垩纪）。而竹化石的年龄，仅仅几十百万至几十万年（第三纪、第四纪），远远比木化石年轻。正像印刷术发展历史中北宋的毕升（公元 970—1051 年）和当代的王选，不同时代的人，怎么可能同时站在一起？

阿黑的推论是错误的。我心想阿黑可能竹篮打水一场空，空高兴一场。因为，龙潭大峡谷中的红色砂岩层，是在 12 亿年前形成的，当时的生物物种主要是生活在水里的菌类、藻类，怎么可能形成竹化石？在竹节岩所见的"竹节"，其形成的过程与罗汉崖上的"罗汉"相似，是坚硬的石英砂岩层受力形成的柱状节理，经风化作用导致棱角渐失，只有表面形似竹节而已。

竹节岩虽然不是竹化石，但阿黑提出了相关的问题，说明他有一颗好奇的心、一根敏感的神经，这就具有了探索大千世界所必要的素养，让我十分欣赏。

小知识

化石

地层中保存下来的古生物遗体、遗迹等，统称为化石。主要分为：

实体化石：遗体本身全部或部分保存下来的化石，如冻土层中的猛犸象。

遗迹化石：古生物活动的痕迹或遗物，如恐龙蛋、恐龙足印等。

模铸化石：古生物遗体在岩石上的印痕或印模，如植物叶子的印痕、贝壳的印模等。

化学化石：古生物遗体分解后仍然保存下来的有机成分，如氨基酸等。

地层具有地质时间的信息。研究不同时代地层中的化石，可以恢复地球上生命的演化历史。

生物具有特定的生存环境，研究化石，还可以研究地球上生态的演变过程。

同一时代，具有特定的生物生存，研究化石，也反过来用于地层时代的对比。

硅化木

　　硅化木是最常见的树木化石类型。几百万年乃至更早以前的树木被埋葬到地下后，在高压、低温和缺氧的环境中，被地下水中的二氧化硅替换了原来的木质成分，经过石化作用，形成了木化石。由于所含的二氧化硅成分较多，故常被称为硅化木。颜色从土黄、黄褐、红褐到灰白、灰黑不等。

　　硅化木主要生成于中生代时期，以侏罗纪、白垩纪最多。其最突出的特点是，清晰保留着原树木的木质结构和纹理。由于保留了古代树木的某些特征，为我们研究古植物、古生物史及地质、气候的变化，提供了很多线索。

指纹石是巨人手印？

在龙潭大峡谷，足有两三人高的巨大砂岩上，竟满满地印着圆桌一般大的指纹！似乎只有巨人才能留下如此巨大的指纹，真的有巨人来过吗？

"又遇新现象，又要提新问题啦。既然罗汉崖、竹节石只是分别形似罗汉、貌如竹节，那么我们正面对的指纹石，是否为传说中巨人按下的手印呢？"

阿黑带着我，穿过石堆，来到一块棱角分明、大约二人多高的巨砾下："红色石英砂岩的层面上，有一道道的纹线，组合起来，非常像人的指纹，有斗型、箕型，还有弓型，但因为一道纹线至少有常人手指大，纹线组成的手印大约有圆桌大，因此猜想若是手印，也一定非我们凡人的手印。难道是巨人留下的？"

指纹石

人人都有指纹，而且每个人都有独一无二的指纹。因此，古人尽管可以山盟海誓，还要在一张契约文书上严肃地按下手印。当代，刑侦专家用指纹来破案，电子专家用指纹来设置密码，老板们则用指纹考勤机来监督员工是否按时上下班……指纹识别技术，已广泛应用。

人类没有真正意义上见过巨人，只是相信巨人也是人，也会有特定的指纹，唯一的密码。

阿黑指给我看的指纹石，虽然形如指纹，但我一看就认定那不过是波痕。如果一定要说它是什么巨人留下的，那这巨人只能是水波荡漾的大海。

大家都见过波纹。如果在北方，一阵沙尘暴过后，地表的尘土起伏有致，如凝固的浪涛，那是风吹尘、尘聚集的痕迹。如果在南方，一阵暴雨后，小溪大河的水面，不再静止如绢，而是翻腾起来，波涛拍岸。如果是海边，不管潮涨潮落，海面都涌浪、海水都奔流，波澜千古。

春梦无痕，但风流有痕。沙泥逐风影、随水波，纵然乘风破浪而流浪，也终风停浪息而栖息。由此，沙泥雕塑成了波痕。波痕一旦固化，成了岩石，就难以变形，记录下的风流即可千古。

波痕，有波峰、波谷间而起伏的形态，但泥沙组成的波痕，其波峰多尖、波谷多圆，坡度可对称或不对

五代波纹石

称。若观察波痕的波峰（脊线），就知道波痕有几种基本形态：直线状、弯曲状、链状、舌状以及新月形。根据专家研究，波痕的形态是流水强弱的反映：直线状的波痕，多在水体比较深、流速比较慢的地方形成；而舌状、新月形的波痕，多在水体较浅、流速比较快的地方形成。从直线状经弯曲状、链状过渡到舌状以及新月形，水体逐渐变浅，水流速度逐渐加快。

水流速度，一取决于重力势能，二取决于水表的风能。势能驱动的水流可成"流水波痕"，风能驱动的浪涌可成"浪成波痕"。流水波痕与浪成波痕，是根据动力成因划分出来的两种基本的波痕类型，各有其特征。

流水波痕：流水的特征是前仆后继，具有方向性、非平衡性。因此形成的波痕，波峰形状不对称，波脊线垂直于流水方向，波痕迎水面的坡度较缓，背水面的坡度较陡。

浪成波痕：有形成波峰形状不对称的波痕，与流水波痕在形态上难以区分；有形成对称的波峰形

波痕崖

状的波痕，特征独特。

　　风分十二级，浪分大、中、小、无，流水速度从"静止不动"到"一泻千里"，它们排列组合起来，流水与浪就有千姿百态。由此，流水波痕与浪成波痕的复合体，也就有千姿百态了。有人统计，在龙潭大峡谷内随处可见波痕，种类有上百种之多，如一块"五代波纹石"上，就有5种波痕。龙潭大峡谷，还真是天然的"波痕博物馆"。

　　每一道波痕，都是波痕形成之处水体深度、流水速度、浪涛形态等的复合记录，是当时古环境的"指纹"。

　　或许可以提出一个设想：人有指纹，大海有指纹，是不是地质历史以及人类历史中的所有物体以及物体的演化，都在特定时空中留下了"指纹"？若格物致知，找到了指纹、读懂了指纹，我们对自然的了解是否就会更多，更清晰明朗？

大自然的书写——地书

　　岩石表面赫然浮现几行汉字，好似书法家的大作。但既不是石灰水涂上去的，也不是刻刀雕刻上的，甚至没有任何人工刻画的痕迹。难道天地间有神物，懂得中华民族的汉字，要借这 12 亿年前的巨石向人类打招呼吗？

仙女出浴

　　"还记得王母浴池吗？那浴池里早不见了王母，也不见了小皇姑，她们浴后去什么地方了？"阿黑故弄玄虚："跟我来，一看便知。这块奇石，叫'仙女出浴'，紫红色的浴巾，披在玉体上，十分写意，万分妖娆。人们想象，这位出浴的美女，就是王母或小皇姑。"

　　仙女出浴后，为了不被人洞见玉体，就躲藏在一块巨石之下，十分隐蔽，不易为行人所发现。只是来的人多了，路被走遍了，路边隐藏的秘密也多被发现了。我们在导游阿黑的引导下，一见这位出浴的美女，便纷纷拿出相机，咔咔地拍照，从不同的角度，把这位丰姿绰约的美女很写意的轮廓永远地留在了镜头里。

　　仙女出浴的地方，现今已没有水流，只有大小不一的鹅卵石。想象此处原本位于河道之中，只是现在没有了水，仙女才停止了洗凝脂。这位仙女的美丽，也许与这青河水的滋养有关。常言道：依山傍水多美女。

言归正传。"仙女出浴"，当属奇石，归类于图画石或图案石。鬼斧神工、天然自成的图画孕于石中，偶现于世，十分珍贵。前文在说"宇宙石"（也称"日月星辰石"）中论及，洛阳石中发育有特别的"太阳"，会出现"日出江花红胜火"的壮美画面。其他品种的奇石同样会出现图案石。但需要慧眼识珠，毕竟天成的图案，介于像与不像之中。曾有南京的石农，捡得一块雨花石，没有窥见其中的美妙，不当回事，随便一个价格转让给了南京藏石家刘水先生。刘水先生对这块雨花石左瞧瞧、右看看，爱不释手，并为之取名为"寒月"，最后成了《中华奇石》的第32枚，成了《雨花石鉴赏》一书的封面，因为刘水先生读懂了这枚图画石：朦胧的月，几枝树杈，疏影横斜，寒霜一地，时明时暗。

　　奇石，早已引起古人的审美兴趣。远的、多的不说，单说清朝的风流才子纪晓岚，对奇石就津津乐道。他著《阅微草堂笔记》，多处提及奇石。在《槐西杂志一》中首先感叹道："石中物象往往有之。"接着给出了两个例子——

　　"姜绍书韵石轩笔记言，见一石子，作太极图，是犹纹理旋螺，偶分黑白也。" 姜绍书是明末清初的学者、工部郎，著有《韵石斋笔谈》（纪晓岚误之为韵石轩笔记），他发现、记录的太极图奇石，引起世人的关注，不亚于世人发现河图、洛书而引起的轰动。

　　石中的物象，既有如仙人出浴的图画石，也有如"山高月小"的文字石。

　　"颜介子尝见一英德砚山，上有白脉，作'山高月小'四字，炳然分明，其脉直透石背，尚依稀似之。" 纪晓岚对此十分诧异，感叹道："真天成也，不更异哉！"原因是，"山高月小"，文字上最早出现于宋代大家苏轼的《后赤壁赋》："江流有声，断岸千尺，山高月小，水落石出。"山水如诗如画，已不足为奇。然而石头里所育文字，比肩词圣，不可不令人惊叹！

　　因此，纪晓岚只能叹息道："然则天工之巧，无所不有，精华蟠结，自成文章。非常理所可测矣。"

　　现今人们分布于各大河川，发现的文字石已不少，并且形象生动，十分有趣。

河南省有位藏石家叫李广岭，获得一枚"一亿"石，万分高兴，为之打油："稀奇稀奇真稀奇，卵石也会吹牛皮。自身标价一万万，哪位大亨买得起？！"他还获得一枚"笑"石，同样为之打油："一块卵石实在奇，见人便笑谁不迷。令人口呆目又瞪，石脉竟会创奇迹。"

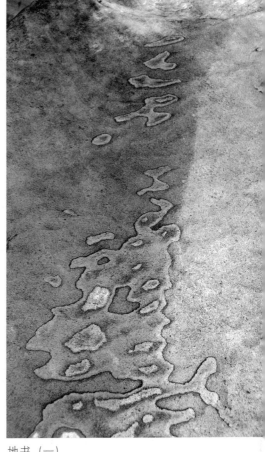

地书（一）

台湾的一位藏石家叫杨昆峰先生，在木瓜溪觅得一块"云水"石。"云水"为草书，笔迹墨痕很像当时任花莲县县长的吴水云的签名。他把这块石头送给吴县长之时，吴水云惊呼："奇迹！天意！真是天意呀！"

更有天意的奇石为"流"石。1997年11月8日，长江截流的当天，一枚轰动截流现场的长江石被发

现，上面的"流"赫然在目，清晰可见，成为一绝。后被中国地质大学（北京）的一位老师收藏，成为文字石组合"一"、"流"、"中"、"华"、"人"的成员之一。

文字石现已渐多。有一个字的文字石，如"人"、"丁"、"山"、"公"、"开"、"义"、"水"、"木"、"清"、"华"、"红"、"寿"、"喜"等等；两个字的如"中国"、"美妙"等等，三个字的如"人才好"、"三峡好"等等，四个字的如"千山万水"、"万古长存"、"日中友好"等等。总之，奇石中，文字石少；文字石中，一个字的多，字越多的文字石越少；多字的文字石中，成词的少，成句的更少，而

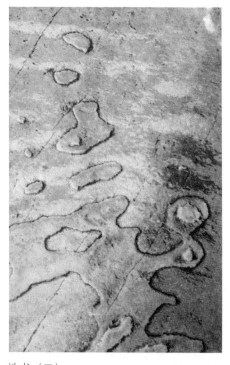

地书（二）

成句且具有特定意义的则少之又少。

　　"阿钊博士，把您招来，让您看的地书就在这里。"阿黑站在裸露的河床上："岩石层面上的文字很多，但能读出来的，仅是'一人一石'或'一人一万'。是口号吗？如果是口号，又是谁喊的？游人一般这样问我。但我无语以答。"

　　见到"一人一石"或"一人一万"，我只是觉得自然创作过程中偶然性的神奇，充满着令人不可思议的巧合。仓颉造字，是黄帝时代的故事，而黄帝出生在公元前2717年，至今才4300年的历史而已。"一人一石"或"一人一万"都是现代简体的草书，出现不过半个世纪。那么，"一人一石"或"一人一万"是不是人刻上去的？

　　把口号写在墙上，大体有石灰水的印迹。若把口号刻在石上，则成摩崖石刻的作品，也会留下铁、石相互碰撞的痕迹。任何经过手工的雕琢都不可能不留下文明的影子。我把放大镜分别放在字上，细细地观察，以期发现铁杆的擦痕或者砂纸的磨痕，但一无所获，没有发现任何工具加工的痕迹。我想，

"一人一石"或"一人一万"并非是人类刻上去的口号，而是天然形成的。

　　那么，这"一人一石"或"一人一万"是什么时候形成的呢？这紫红色石英砂岩，已有12亿岁。石英砂岩沉积的时候，大海留下了波痕这一指纹，提供给地质学家去解读当时的环境。但"一人一石"或"一人一万"的字体，无峰无谷，显然不是有峰有谷的波痕，不可能是石英砂岩沉积时形成的。"一人一石"或"一人一万"与由白色脉体显示出的"山高月小"也不同，而是形体呈凸起的"阳刻"字体。

　　"一人一石"或"一人一万"，或者与之相似的图案，其出现是有规律的，即：都分布在岩层的层面上，层面的岩层一般是两层或者三层，每层厚度很薄，仅几个毫米。厚度超过一厘米的岩层表面，均未见文字或图案出现。

　　由此可见，"雕刻者"一定在岩层表面作业，还怕硬欺弱，没有能力在厚层岩石上"雕刻"，只能在薄层岩石上施展才艺。数层薄岩层中，最上层的被"雕刻"的面积最大，最下层的还处于完好如初的状态。可见，"雕刻者"可能仅仅是风化作用：丰水期，流水带砂，随机磨蚀了薄层岩层，像在一张纸上挖了个洞，再把碎屑带走；枯水期，被水和砂磨成的洞，经风吹雨打，热胀冷缩，洞逐渐被随机地扩大。无数的丰枯交替、循环，便形成了随意的图案。而图案中的某些部分，貌似可认识的文字，也只是很随机的小概率事件，是必然过程中的一个偶然结果。

简体汉字出现才几十年，古体汉字的创作才几千年，而"一人一石"或"一人一万"是随青河的形成而形成的，至少也有上万年、几万年甚至几十万年的历史。

"自然界不用英语思考，也不用汉语思考。因为人类只存在于'现在'，而大自然既存在于'过去'，也存在于'现在'。"阿黑略有所悟："'一人一石'或'一人一万'所体现的平均主义思想，书不尽言，或许仅仅是一些人望着地书所生的义，是自作多情、痴心妄想而已。"

小 知 识

风化作用

地表或接近地表的坚硬岩石或矿物，在与大气、水、生物接触的过程中，会产生物理、化学变化，形成松散的堆积物。这一过程就是风化作用。由此会形成许多奇形怪状的地表地貌。

根据风化作用的因素和性质，可分为三种类型：物理风化作用、化学风化作用、生物风化作用。其中物理风化最简单，如在沙漠地区，昼夜温差极大，岩石热胀冷缩，久而久之便会产生裂缝，由大块崩裂成小块，由小块变成砂，再由砂变为土。在气候寒冷或干燥的地方，生物稀少，风化作用以物理风化为主；而在潮湿、炎热的地区，降水量大，生物繁茂，生物的新陈代谢和分解过程对岩石腐蚀能力较强，所以化学风化和生物风化比较强烈，形成大量粘土和较厚的土壤层。

风化作用很常见，有时速度很快，极不利于古代文物遗迹或地质奇观的保存。如在我国南方，由于炎热和潮湿，化学风化作用速度最快，只需几年时间，裸露的岩石便因风化而变得疏松。即使是隐藏在洞穴或石窟中的浮雕、石雕，也会因风化而变得面目全非。至于埃及已存在四千多年的狮身人面像，所受风化作用缓慢，除了得益于干燥的气候、石像本身较强的抗物理风化能力之外，还要感谢当地频发的大风沙常将其掩埋，这也起到了一定的保护作用。

凌空矗立的千吨天碑

一块凌空矗立、无凭无倚的石碑，高达50多米，重2000多吨，是哪位大力士立起来的？人力、械力皆不可及，难道是神仙的法宝？玉帝的敕造？外星生命来访的遗迹？还是自然界特有的神秘力量？

"阿钊博士，这次您千里迢迢而来，我想您是受天碑这一奇观的召唤吧。"阿黑也有点激动了："地书这一景点的上游，再拐个小弯，就能见到天碑啦！"

阿黑是理解阿钊的。我的好奇心，驱动我几乎是马不停蹄地来到了龙潭大峡谷，主要是为一睹天碑的雄姿，考究天碑的历史。

天碑是当前人力所不能竖起的大石碑。但每个人心中对天碑的意义可能有不同的理解。有人觉得，在我们的社会出现之前，可能有一个超能力、超技术的社会，能够做我们难以想象的事情，如构筑埃及的金字塔、摆出英国的巨石阵等等。也有人想象，天碑可能是外星人光临地球，为某些历史性事件树立的纪念碑。但我

天碑石(侧面,仰视)

猜想，目前人类尚未证实外空生命的存在，也没有证实古代人的智慧超越了现代人，天碑的形成或许还有其他我们能够理解的机理。

我所知道的天碑并不多，或者说唯一知道的是湖南省新宁县崀山有一"无字天碑"。因为，崀山发育了极特殊的丹霞地貌，在我国申请世界丹霞地质公园之时，曾作为一个景区参选，湖南省政府曾做过许多的宣传。"无字天碑"位于驼驼峰的西南侧，是一块光滑平整的巨石，面积达1500平方米。这块巨石靠着驼驼峰而立，形成了被称为"天下第一巷"的一线天，其长230米，其宽仅约0.8米，可见"无字天碑"的壮观。但靠着驼驼峰而立的"无字天碑"，只是山体断裂切割之后，由于破碎的岩石受风化、受搬运，所以露出巨石来。这巨石就是依着山"站立"的，似岩壁，没有经过一个"树碑立传"的过程，因此并非严格意义的天碑。

"那翠绿的树丛中露出的岩石，就是天碑。"我们急步来到了空旷而开阔的祈雨台，在那如银练河天的飞练瀑下，阿黑向南方指了指："别认为天碑只有现在看到的那么一点。苏轼的诗句'横看成岭侧成峰，远近高低各不同'也非常适合形容观赏石碑的感受。"

我原本担心阿黑所说的天碑会象崀山的"无字天碑"那样依山而立，那就没有独一无二的特性了。一见小山包上树丛中突兀而起的天碑，我这颗

天碑石（侧面，平视）

略微忐忑的心平静了下来，因为石重树轻、石高树低，天碑一定不会倚靠在山体上，更不会倚靠在树干上，而是凌空而立、真正竖起的石碑，这样的石碑才能一空依傍，有望成为天碑！

天碑的碑身由4块碑石构成，分高低两层。高

层者，仅有一块碑石，厚仅 1 米左右，高却达 50 余米；低者，现见 3 块碑石相拥而成，高约 40 米，厚 1—2 米。那块高的碑石，面积至少有 1250 平方米，重量至少在 2500 吨！那 3 块低的碑石，面积也至少各有 800 平方米，重量也不会低于 1500 吨！

如此巨碑，谁能竖立起来？

我们所熟悉的人民英雄纪念碑，由台座、须弥座和碑身三部分构成，总高 37.94 米，由 17000 块花岗岩和汉白玉砌成。其中最大的一块石料，长 14.4 米、宽 2.7 米、厚 3.0 米，重达 320 吨，是中国建筑史上极为罕见的完整石材，但在山东青岛采集，经火车运输到北京天安门，就有 7116 名工人参与了工作，总共用了 7 个半月的时间才完成。如果以此力量来修建天碑，其可能性可想而知。

"每一批游客见到天碑，都好奇于天碑是如何'修建'的。有人说，天碑如刀，是二郎神放在人间的武器；也有人说，天碑形如鲤，是玉皇大帝感动于鲤鱼们跳龙门的精神，而为之勒建的雕像；也有人说，女娲补天成功，她用多余的红石头修筑了纪念碑。"步移景换，石碑向我们秀着它各种美丽的身姿，阿黑随之向我们介绍关于天碑的传说："几种版本的传说，也不知道哪个版本靠谱。"

我没有觉得这些传说或者神话版本具有靠谱的可能性。仅仅凭着碑石的形态，就能杜撰出一种说法来。我想起"盲人摸象"的典故，有说大象如柱，有说如墙，有说如床，一人摸着了一块，说出了自己的感觉，倒也揭示了冰山的一角。天碑是什么样的？从不同角度仰望天碑，或呈苍鹰、或现飞鸟、或如船帆、或成刀背、或似鲤鱼，远近高低形变态换，前后左右移步换景。这些形态，只是粗略的形似，连神似都没

天碑石（侧面，平视）

有，用之来推测天碑的由来与目的，或许只能说是胡乱猜测罢了。

试着想靠近天碑。天碑的四周，大小乱石横陈，一脚下去，便摆晃起来，十分不稳当，易让人摔倒；刚走几步，从乱石堆中生长起来的青树或者黄栌，就因高过头顶，遮蔽了天空，使置身其中的人怎么也望不到天碑。阿黑说他自己也曾几次试图靠近天碑细细察看，均告失败，便阻止了我们向天碑走去。

我们只能在空地上架起三角架，装上照相机，对准碑石，调节起焦距来。因为我带的是40倍的长焦，月亮上的陨石坑都可分辨得一清二楚，它理所当然成为观察碑石的利器，并得到几点观感：

在如刀背的侧面，碑石整体呈暖色调，但颜色差异较大，同一颜色的呈垂悬的条带，我想是岩石层理；在形如鲤鱼的正面，碑面不平，有起伏，但不像鱼鳞那样一片叠一片的，而是波痕，如波痕崖上的波痕一般。因此，我推测这些碑石也是12亿年前形成的紫红色石英砂岩，而不是经过女娲火烧火燎炼出的彩石，更不是二郎神常用于恫吓妖魔鬼怪的青铜大刀，只是与周围的岩石属于同一类型。就是说，碑石是就地取材的。

欲顶天立地的碑石，层理是垂直的；青河河谷中的砾石，层理多倾斜，偶尔呈垂直状或水平状，但龙潭大峡谷内的岩层层理是近于水平的。三者显著不同。因而，层理垂直的碑石，如层理垂直的砾石一样，是一种偶然出现的现象。同时，与砾石一样，垂直的碑石也是从层理近水平的岩层中来的。

碑石之上，不仅有草丛生长，也有灌木生长。而草木的生长，都需要一定的土壤。土壤的形成，也需要一定的时间。碑石上的积土，不管是外地风吹来的还是岩石风化而成的，都不可能一蹴而就，需要一个积累或渐变的过程。即使有了土壤，还需要有种子，由飞鸟衔来或由风吹来。即使有了种子，还需要有合适的降水，能够湿润种子，让种子扎下根而生长。即使有了苗子，在贫瘠的碑石顶上生长成一棵小树，或许还需要比人的一生更长的时间呢！因此，竖碑的事，可能有比较久远的历史，可究竟远到什么时候呢？

　　4块碑石，并不完整，而已存裂缝。最高的那一块，在中上部有一裂缝；稍低的三块，也不是天衣无缝地粘合成团结的三位一体，最外侧的一块已外倾，危然凌空，似乎摇摇欲坠！看上去，似乎只要大风一吹，就会拦腰斩断、颓然倾倒似的。看上去碑石也曾经断裂过，因为那三块较低的碑石顶上，还有几块碎石呢。地震的破坏力，可能比风更为致命。那么，如此之高的石碑经过强烈地震的摧残，还能屹立到今天吗？

天碑回望

天碑的碑面只有岩层的波痕，没有人类可以读懂的碑文，是一块无字碑。人类偶建无字碑，如泰山无字碑，如武则天的无字墓碑。因为立碑的人认为用有限的碑文难以说清特殊人物的丰功伟绩，或者正处于特定时期而不便贸然评述，要留待后人去解说。那么，天碑高耸，无文无字，又难以知道何人所立、为何而立，难道就让后人天花乱坠地去胡乱猜测？

　　带着这些一时难以理清的问题，我收起了长焦照相机，想从更大的尺度全方位地观察天碑。侧立一小水潭旁，从河道狭窄的上游向下游回望，收入眼帘的青河曲折而蜿蜒，天碑仍然耸立，但不像近处所见的那样鹤立鸡群、唯我独尊，而是低于周围的岩壁，并渐渐地与周围的地势融为了一体。我想，这天碑也一定是周围地形地貌的一部分，它们是和谐的--体。天碑应该是周围地貌共同演化的结果。

　　当我爬上崖壁上的栈道，从高处鸟瞰天碑时，更坚定了我的猜测。原来，天碑立于一座乱石堆积的小山之上。而这座小山的山脊十分特殊，南端海拔较高，直抵崖壁的腰部；北端海拔较低，过了天

碑的位置便急剧降低，直到河床的岩层上。我推测，山脊原来像大坝一样，直抵南、北的崖壁，山体原来就是一个堰塞坝！而堰塞坝的北端决了坝，渐被河水冲刷，乱石渐被冲走，石碑慢慢露出，并逐渐"长高"。

当我提出天碑可能是从堰塞坝中剥离出来的这一假设时，阿黑盯着我足足看了一分钟。他说，2008年的汶川大地震，形成数十个堰塞湖，其中的唐家山堰塞湖就备受关注。难道这里也发生过大地震，从而导致地裂山崩而形成如此规模的堰塞坝？

阿黑的联想，也很有道理。后来，我了解了新安县及周围的大地震发震历史。据《新安县志》记载："（嘉靖）三十四年十二月地震，坏民屋舍。"新安县龙涧村《重修九龙庙碑记》也记载了这次地震的破坏情况："新安县西北二十里，古名龙涧乡，其北隅九龙庙，昔曾完美，以奉神。……嘉靖乙卯岁十二月十二日夜适地震，遂倾覆焉。房屋倒塌者不可胜纪……"据地震学者研究，这次发生在1556年1月23日夜的地震，震中在陕西省华县，震级达到 8 级，比唐山地震、汶川地震更强烈，其震中烈度高达 11 度，直接造成 82 万人死亡！今人苏克忠考察，著文"华县大地震及其震灾考证"发表研究成果：当时的 39 个县府有这次地震破坏的记录，距离震中 450 千米面积约为 28 万平方千米的范围内，都遭到地震的严重破坏！

新安县距华县也仅 200 千米之遥，其烈度也达到 7、8 度，是新安县有史以来所经历的烈度最高的地震。那次地震，很可能导致了龙潭大峡谷的山崩地裂！因为，青河的流水，早就挖空了大峡谷中软弱的泥岩层、泥质粉砂岩层，丹崖赤壁的一些墙角早被挖空，成了大大小小的洞穴，即使不遇地震，也会小块小块地崩塌，如果遇到了大地震，难免会发生大规模的倒塌。

大皇姑洞

"这么说，天碑可能是 1556 年华县大地震形成的？"阿黑的眼光并不太坚定，"也是一件极大的异事？如山门的那棵能活千年的古檀，如能说思想的地书，都是小概率事件？"

我点点头。还记得那棵古檀，虽然远离河道，但这次地震导致山崩地裂形成的堰塞坝，难道没像汶川地震时快速形成的唐家山堰塞湖？然后自然决堤形成特大洪水，大洪水再冲毁那棵古檀？

考究起来，也可以说是一个巧合：地震发生在农历的十二月十二日，正是严冬，青河处于枯水期，水也结成了冰，加上流域面积小，积水少，当时难以蓄水形成堰塞湖；而堰塞坝经过一段时间，可能自然渗漏了。这也是一个小概率事件吧？

但我想，红色石英岩砂层存在亿年，青河流淌上百万年，时间漫漫，许多过程是自然的必然，许多的结果一定是必然中的偶然，这偶然的结果对自然过程没有特殊意义。对于观察的人而言，有时却具有启发性的特殊意义。

丹霞地貌

丹霞地貌是由红色砂砾岩构成陡崖的各种地貌形态，有的像城堡，有的像宝塔，有的如针、如棒、如柱，还有的形成平顶、峭壁的方山，或众峰簇拥的峰林，陡崖坡还会形成高大的石墙、石窗、石桥……1928年，冯景兰先生发现广东省北部仁化县的丹霞山是典型发育的丹霞地貌，便把形成这种地貌的红色砂砾岩层命名为丹霞层。但第一次按照地貌学术语使用"丹霞地貌"这个词，则在1977年。

丹霞地貌在我国分布最广，全国有400多处，其中3处的面积达到100平方千米以上。在全国177处国家级风景名胜区中，有27处是全部或局部由丹霞地貌构成的。其中湖南省新宁县的崀山，因同时发育有青年、壮年、晚年期的丹霞地貌，拥有居全国第一的完整的红盆丹霞地貌，被誉为"丹霞之魂，国之瑰宝"。

形成丹霞地貌的必要条件是：要有非常厚的砂砾岩层，呈现垂直节理发育，并受到差异风化、重力崩塌、流水溶蚀和风力侵蚀等综合作用。丹霞地貌的发育，开始于第三纪冰期晚期的喜马拉雅造山运动，运动使部分红色地层倾斜、褶曲，红色盆地抬升，流水集中到盆地中部低洼处，沿着岩层的垂直节理侵蚀，形成两壁陡直的深沟。随后，更强烈的侵蚀分割、溶蚀和重力崩塌，使得丹霞地貌的种种奇形异状渐渐形成。

堰塞坝

当火山熔岩流、冰碛物，或者由于地质灾害、地震活动而崩塌的山体岩石，引起泥石流等，堵塞了河谷或河床，在山谷中形成类似水库大坝的挡水体，使原来的河流流水聚集并往四周漫溢，这个挡水体就叫堰塞坝。

如果堰塞坝完全堵住江河，就会形成堰塞湖。

这在世界各国山区都有广泛分布。如我国黑龙江省的著名旅游湖泊——镜泊湖，就是由第四纪玄武岩流所形成的40米宽、12米高的天然堰塞堤，拦截了牡丹江的出口，使堤内水位提高，形成了面积约90平方千米的熔岩堰塞湖。

堰塞坝不是固定不变的，当它受到冲刷、侵蚀、溶解、崩塌等作用影响，就会被破坏，使堰塞湖决口，湖水倾泻而出，让下游形成洪峰，造成严重的洪灾。2008年的汶川大地震，形成了大面积的堰塞湖泊，其中有34处为危险地带，面积最大、危险也最大的是唐家山堰塞湖，一旦决口，破坏性不亚于自然灾害。

奇景有生亦有灭

地震，听起来让人不寒而栗。它的巨大威力，却又能造就超乎想象的地质奇观。只是不知哪一天，它会不会像在沙滩上堆城堡的顽童一般，随意一抬手就抹去自己的作品、再重新塑造呢？

"阿钊博士，天碑巍巍，高耸入云。但如您所观察，碑石有裂缝，已呈危危之态。或许有一天，碑石也可

倒塌而乱堆的巨石

能倒塌，天碑不复存在。"往回走的路上，我们又来到了千年古檀树下，阿黑探讨地说道："千年古檀，可能见证了天碑的形成，是否还可能见证天碑的坍塌？"

对于未来的预测，还真是个难题。事后诸葛，屡见不鲜，可谓比比皆是。但能未卜先知的，却是百年一遇，如凤毛麟角。不过，人们也不妨根据已有的经验、知识，根据科学的原理，试试推测未来的可能性。

"山无陵，天地合，乃敢与君绝"，古代诗人曾经以此为不可能发生的事件，但近年来，我们却不幸地见证了"山无陵，天地合"的事件，那就是汶川地震导致的山河破碎的局面，特别是国家地质公园的奇景因此遭受的破坏。

据《神奇翠华山》（劳志建、杨广虎著）记载，汶川发生地震时，远在震中600千米外的西安市翠华山国家地质公园，就有明显的震感，差点震倒"太乙真人"——一个形如真人的天然石柱，高50米，顶有孤石，组成头部，站立在翠华山的西峰之巅。

平时里，大风一吹，游人见之，总感到太乙真人颤巍巍的，似乎随时就会被风吹倒。汶川地震发生时，游人从树缝中望去，只见峰上的太乙真人左右摇晃，顶上的孤石在点头，好像喝多了老酒，醉得站立不稳、要倒下似的。可在西安市，当时有无数游人在凌云的小雁塔周围，却未见小雁塔被震动而摇摆的异常形态。

　　汶川大地震一年之后，我去了一趟震区，走到了龙门山国家地质公园的银厂沟。以前的银厂沟，夏日气温低于成都3、5度，离成都又不足百千米，加之原始森林中山水极为美丽，便成了成都人躲酷暑、纳清凉的好去处。在人们的记忆中，银厂沟是龙门山大峡谷的主要景区，映秀断裂从山中穿过，峭壁斧劈，聚水挂瀑布百丈、飘急流十里；更有如堰塞湖形态的天然大海子，深2米，清见底，不朽的树干静卧水中，好动的鱼儿嬉戏，鳞片闪光水里……然而，地震之后，山坡坠毁，峡谷闭合，满沟都被巨石、细砾所掩埋，银厂沟面目全非，景物破坏殆尽，可谓国在山河破！

汶川大地震发生时，不知道有没有人见到龙潭大峡谷天碑的摇晃？阿黑说，他不可能在场，许多导游也不在场，没有亲眼所见，不敢瞎说。但明显的事实是，天碑没有被汶川地震震倒。

"在汶川地震中，小雁塔没有倒塌，天碑也没有倒塌，是不是说，以后8级以上的大地震都是不可能摧毁天碑的？"阿黑充满期待："那么龙潭大峡谷的风景就将永垂千古了，是我们用之不竭的旅游资源，我们子子孙孙都能欣赏到大自然的杰作了？"

关于这一点，阿黑有点天真而感性了。虽然汶川地震强度高达8级，远到北京、上海、福建、广东都有震感，这是没错，但地震的强烈程度各地都不同，震中的烈度超过11度，但西安及龙潭大峡谷等地的烈度仅仅为5度、4度，破坏性小。地球上发生超过8级的地震也不少，如1920年12月16日宁夏海原的8.5级大地震，再有1950年8月15日西藏察隅的8.5级大地震，也都没有震毁天碑，其原因是龙潭大峡谷与这些大地震震中的距离遥远，烈度小。如果龙潭大峡谷附近发生地震，其烈度就会

超过上述地震在大峡谷地区的烈度，就有可能像摧毁龙门山大峡谷一样摧毁龙潭大峡谷！

远观天碑石所在的堰塞坝

再说，像塔、碑这样高的建筑物，还与地基的结构等有关。我们知道的小雁塔，高达43米，建造于公元707年，经历了震中十分近的华县大地震、海原大地震等，但千年来屹立不倒，是古代能够保存至今少有的几个塔，人们因之啧啧称奇，建筑学家也称奇。研究发现小雁塔的塔基结构十分特别，呈半球形，塔坐在半球的中心轴上，整体上形如不倒翁。不倒翁，怎么摇摆也不会倒。我们还知道雷峰塔，挺身而立于西子湖畔，建造于公元977年，没有怎么经历过地震，却于1924年9月25日倒塌了。雷峰塔倒塌的原因是，明朝嘉靖年间，日本倭寇烧毁了塔的外部楼廊，加之民国早期社会动荡，国人迷信，认为雷峰塔的砖能够辟邪除妖，你一块我一块地把塔基上的砖盗回家去"镇宅"，结果导致塔基被掏空，塔身"轰"的一声就倾圮了。

"小雁塔屹立千年不倒，是人类建筑师智力的奇迹。雷峰塔倒在我们的脚下，不因地震，却缘于那些人的无知，是个教训。"阿黑着急地问道："那么，已有裂缝的天碑石也会倒塌？我们有什么办法防止天碑的倒塌？"

自然状态下的天碑，也有天然形成的"基础"，就是那座堰塞坝。堰塞坝早已决坝，受到一定的破坏。但会不会进一步受到破坏而使石碑失去基础？会的。青河平日细声细语、温柔顺服，可一旦暴雨加身，就不得不咆哮呐喊、横冲直撞，对阻碍它流动的堰塞坝进行冲击，坝基难免会被一次次地掏空，直到某一天基石再也承受不住天碑石的重压而崩溃，天碑石因此就会摔倒下来，一节节地跪在地上，粉身碎骨了。

但天碑石倒塌之前，我们可以呵护它、保护它。通过工程措施，让碑石牢固起来，让基础坚实起来。可采用什么的工程措施呢？或许读者诸君中会有高人，会出现建筑大师，成为天碑的保护者。

我国历史上8级以上大地震目录

元代以来，我国所发生的8级以上地震，共计有19次：

1、山西洪桐、赵城8.0级大地震：1303年（元成宗大德七年）9月17日；

2、陕西华县8.0级大地震：1556年（明世宗嘉靖三十五年）1月23日；

3、福建泉州海外8.0级大地震：1604年（明神宗万历三十二年）12月29日；

4、山东莒县、郯城8.5级大地震：1668年（清圣祖康熙七年）7月25日；

5、河北三河、北京平谷8.0级大地震：1679年（清圣祖康熙十八年）9月21日；

6、山西临汾、襄陵8.0级大地震：1695年（清圣祖康熙三十四年）5月18日；

7、宁夏平罗、银川8.0级大地震：1739年（清高宗乾隆三年）1月3日；

8、云南嵩明、杨林8.0级大地震：1833年（清宣宗道光十三年）9月6日；

9、新疆阿图什8.25级大地震：1902年（清德宗光绪二十八年）5月18日；

10、新疆玛纳斯西南8.0级大地震：1906年（清德宗光绪三十二年）12月23日；

11、台湾基隆近海8.3级大地震：1910年（清逊帝宣统二年）4月12日；

12、台湾花莲近海8.3级大地震：1920年（民国九年）6月5日；

13、宁夏海原8.5级大地震：1920年（民国九年）12月16日；

14、甘肃古浪8.0级大地震：1927年（民国十六年）5月23日；

15、新疆富蕴8.0级大地震：1931年（民国二十年）8月11日；

16、西藏察隅8.5级大地震：1950年8月15日；

17、西藏当雄8.0级大地震：1951年11月18日；

18、台湾台东海上8.0级大地震：1972年1月25日；

19、四川汶川8.0级大地震：2008年5月12日。

——引自刘兴诗《山河震撼》（山东教育出版社，2010）

结语：一条小河的创造力

自然界最柔软而又最坚硬、最锋利的物质是什么？水！整个龙潭大峡谷的地质景观，就是流水的一部杰作。

离开故都洛阳，辞别导游阿黑，龙潭大峡谷萦绕在我心中的倩影，不仅仅是青檀千年的婆娑、红石亿年的沉默，不仅仅是罗汉崖的鬼斧神工、竹节石的浑然天成，也不仅仅是地书一撇一捺的言不尽意、天碑独步天下的绝世无双，最让我佩服得五体投地的，是那条能够让顽石点头的小河。

小河叫青河，才24千米长。青河汇入的黄河长达5464千米，是青河长度的二百多倍。还有其流量、其规模，两者均不可相提并论、同日而语。可小青河其胸怀、其意志、其创作力，均可成为我思考的对象、成为我仿效的楷模。

青河是有自知之明、自强不息的。流域不大，汇水面积有限，能有多少水汇集成流，全凭天上的风云带来的雨水。因此，枯水的日子，它接纳每一滴的露、每一丝的泉，湿润滋长崖上的海棠、壁上的青苔、滩上的蒲草，从不懈怠；它安安静静地卧于潭、藏于穴，深深的峡谷之中，人可汲之、畜可饮之，从不吝啬。丰水的时候，它不会蹉跎自误，它会像海纳百川一样容纳百沟，汇聚而成的滔滔巨流，再奔腾、再冲锋，摧了枯、拉了朽，携流沙、推流砾，轰轰烈烈地重新开工，重新雕刻美丽的山水奇观，乘时乘势，创造奇迹。

乘时乘势的青河是有背景的。当迢迢而来的黄河水经小浪底而出山区、入平原、奔大海之时，沉降的土地、土质的河床让黄河一改顺我者昌、逆我者亡的霸气，突然的豁然开朗、突然的康庄大道，让流水慢下了脚步，成为一位蹒跚而行的老者。而此时此际，太行山与秦岭的际会之处，却容纳了青河，

一条小河叫青河

并不断地隆升，地壳不断地把珍藏亿年、十亿年的岩层暴露在蓝天之下，构造的崇山峻岭让流水步履维艰，阻挡重重。正因此困难，棋逢对手，造就了青河冲锋陷阵、勇往前行的锐气，宛如初生的牛犊、壮志凌云的少年。

青河所登演的舞台，是多么的美丽。红色的岩层是舞台的主体。岩层中有许多插图，一道道起伏的波纹，是流水的涟漪，是海洋的记忆；一个个褪色的晕圈，是沙与沙之间求变的种子，是太阳与月亮虚拟的形体。当你一页页地翻阅这本12亿年前的古书，更可见青河丰富多样的创作技法，层流平直、稳健，用之打磨一道道光滑的沟槽；紊流旋转、钻圈，白色的浪花如顿时响起的乐曲，如天鹅舞登场，舞鞋把舞台磨出印痕，成了浅的穴、深的潭，王母娘娘见之形美可爱，当成了她的浴池，黑龙、青龙、白龙见之深邃，踞之成了他们的龙潭。

当然，青河也不乏淘气，遇到可欺的软弱岩层，便不遗余力地掏空岸边悬崖下的"墙角"，让强烈的地震有空可乘，便出现一幕幕的山崩地裂！

清水石上流

　　与大侠劫富济贫一样，削高填平是青河的远大志向。愚公移山，子子孙孙，无穷焉。然而，愚公移山，只是一种神话，是人们追求的理想。而小小的青河，万年前已在移山，现在还在移山，将来十万年也将会移山。青河，才是移山愚公的现实版。

　　青河，只是许许多多小河中的一条。但，猛志常在的百里青河，却出类拔萃了，是万里黄河最精彩的缩影。